Tamiru Dibaba

Efeito dos Implementos de Lavoura Primária nas Propriedades Físicas do Solo

Tamiru Dibaba

Efeito dos Implementos de Lavoura Primária nas Propriedades Físicas do Solo

Imprint
Any brand names and product names mentioned in this book are subject to trademark, brand or patent protection and are trademarks or registered trademarks of their respective holders. The use of brand names, product names, common names, trade names, product descriptions etc. even without a particular marking in this work is in no way to be construed to mean that such names may be regarded as unrestricted in respect of trademark and brand protection legislation and could thus be used by anyone.

Cover image: www.ingimage.com

This book is a translation from the original published under ISBN 978-620-2-07695-1.

Publisher:
Sciencia Scripts
is a trademark of
Dodo Books Indian Ocean Ltd. and OmniScriptum S.R.L publishing group

120 High Road, East Finchley, London, N2 9ED, United Kingdom
Str. Armeneasca 28/1, office 1, Chisinau MD-2012, Republic of Moldova, Europe
Printed at: see last page
ISBN: 978-620-7-95679-1

ÍNDICE

DEDICAÇÃO

Este trabalho é dedicado a **Tirfi Debeli,** a minha avó, e a **Buli Feyisa**, o meu avô.

2

ABREVIATURAS E ACRÓNIMOS

A	ARDU mouldboard plough
AIRIC	Agricultural Implement Research and Improvement Center
ARDU	Arsi Rural Development Unit
C	Control plot
CBD	Complete Block Design
CMD	Clod Mean Diameter
CO	Carbon Monoxide
CSA	Central Statistics Authority
CT	Conventional Tillage
E	AIRIC mouldboard plough
EARO	Ethiopia Agricultural Research Organization
f	porosity
F	Mechanical forces applied to soil
FC	Field Capacity
GDP	Gross Domestic Product
JAMRC	Jimma Agricultural Mechanization Research Center
L	Local Maresha
mc	moisture content
mcf	moisture correction factor
MEDaC	Ministry of Economic Development and Cooperation
MWD	Mean Weight Diameter
NT	No Tillage
OM	Organic Matter
PWP	Permanent Wilting Point
PSD	Particle Size Distribution
ρ_b	Soil Bulk Density
ρ_s	Soil Particles Density
R	Ripper Maresha
S_f	Final Soil Condition,

S_i	Initial Soil Condition
SOC	Soil Organic Carbon
SOM	Soil Organic Matter
T_m	Manner of Movement of Tool
T_{ma}	Accounts for the Tool Materials
T_s	Shape of the Tool
w_i	Weight of Aggregate in Size Range i of Sieve
x_i	Mean Diameter of any Size Range i of Aggregate of ith Sieve

ESBOÇO BIOGRÁFICO

O Autor nasceu em Arsi Ocidental, a 16 de janeiro de 1986 G.C. Frequentou a escola secundária e preparatória na cidade de Dodola de 2002 a 2005 G.C. Em 2006 G.C., ingressou na então Universidade de Debub, atualmente Universidade de Hawassa, e licenciou-se em 2009 com o grau de BSc. em Engenharia Agrícola e Mecanização.

Em 2010, foi contratado pelo Instituto de Investigação Agrícola de Oromia e destacado para trabalhar no Centro de Investigação de Mecanização Agrícola de Jimma, tendo prestado serviço durante três anos.

Em 2013, ingressou na Escola de Estudos Graduados da Universidade de Haramaya para prosseguir os seus estudos no âmbito do programa de Mestrado em Engenharia de Maquinaria Agrícola.

RECONHECIMENTO

A situação difícil, os obstáculos intrincados, os impedimentos obstinados, os testes dolorosos e a elevada exigência da conclusão bem sucedida desta tese de investigação foram possíveis graças ao encorajamento, orientação e aconselhamento do Dr. Abebe Fanta que, de facto, anulou o pavor e o tremor horrorizado resultantes das causas mencionadas. O autor tem o prazer de expressar a sua profunda gratidão e agradecimento especial ao seu orientador, Dr. Abebe Fanta, pelos seus conselhos inestimáveis, instruções, orientação adequada e críticas construtivas desde o início da proposta, durante todo o período de estudo e na redação da tese.

Agradece-se a disponibilidade de numerosos dados meteorológicos fornecidos pela Secção Metrológica da Estação Meteorológica de Jimma.

A minha mais profunda gratidão e apreço é extensiva a todos os membros da direção e do pessoal do Centro de Investigação Agrícola de Jimma pela sua gentil colaboração, encorajamento e apoio amigável, desde a seleção do local até à implementação das actividades de investigação.

Os conselhos inestimáveis da minha mulher Genet Wolde, da minha filha Jalane Tamiru, da minha mãe Alemayehu Bedada e da minha avó Tirfi Debeli foram um incentivo persistente não só durante o trabalho de tese, mas também ao longo da minha carreira académica. Quero que saibam que respeito e guardo sempre na minha memória o seu apoio ilimitado e inestimável, para além de um simples agradecimento.

No entanto, o que posso dizer ao meu Deus Todo-Poderoso que me ajudou em todos os momentos da minha vida? A intercessão da dupla Virgem Maria, mãe de Nosso Senhor Jesus Cristo, e as orações de todos os santos pela força da minha vida espiritual são benditas agora e depois para todo o sempre. Amém.

RESUMO

O efeito das nossas alfaias de lavoura primária sobre as propriedades físicas transitórias do solo foi avaliado em solos argilosos, argilosos siltosos e argilosos. O objetivo do estudo foi avaliar o efeito dos implementos de preparo do solo sobre as propriedades físicas transitórias dos diferentes solos. O experimento foi realizado em blocos completos casualizados (RCBD) com três repetições. Foram utilizadas quatro alfaias de lavoura: o arado local (Maresha), o ripper maresha, o mofer acoplado à charrua de aiveca ARDU e a charrua de aiveca AIRIC. A lavoura foi efectuada duas vezes com as alfaias acima especificadas (1st e 2nd passagem). A análise estatística foi efectuada utilizando o pacote informático SAS. A análise de variância (ANOVA) foi utilizada para avaliar o nível de significância dos efeitos em cada um dos parâmetros considerados no estudo e as suas interações. A investigação feita indicou claramente que todos os implementos de lavoura estatisticamente significativos na criação das condições favoráveis do solo quando comparados com a não lavoura (isto é, menor resistência à penetração do solo, menor densidade aparente seca, maior teor de humidade do solo, maior taxa de infiltração e maior porosidade total). O tratamento sem mobilização do solo resultou ou produziu as condições de solo mais desfavoráveis em todos os tipos de solo (ou seja, maior resistência à penetração do solo, maior densidade aparente seca, menor teor de humidade do solo, baixa taxa de infiltração e menor porosidade total). Os teores de humidade do solo mais elevados foram observados no solo argiloso sob os tratamentos com charrua ARDU e AIRIC após 60 dias de plantação. As densidades aparentes e as resistências à penetração mais baixas foram registadas na 2nd passagem para todos os tipos de solo considerados no estudo sob a charrua ARDU e a maresha ripper. A maior porosidade total também foi observada com ARDU e ripper maresha.

Palavras-chave: Tipo de solo, lavoura, implementos primários de lavoura, propriedades físicas transitórias do solo.

CAPÍTULO 1. INTRODUÇÃO

Durante milhares de anos de história registada, a humanidade tem cultivado o solo para aumentar a produção de alimentos (McKyes, 1985). O aumento médio anual da produção mundial de cereais, após 1990, é inferior ao aumento médio anual do consumo mundial de cereais. Isto significa que, após 1990, o mundo está a consumir cereais a um ritmo superior ao da sua produção (Christopher, 2011). Por conseguinte, a produção agrícola mundial deve ser aumentada em muitas vezes para satisfazer a crescente procura de alimentos.

A agricultura é um sector dominante da economia etíope que contribui em grande medida para o Produto Interno Bruto (PIB), o emprego e as receitas em divisas do país. Acredita-se que a agricultura continua a ser um sector determinante que pode desempenhar um papel dominante no estímulo ao desenvolvimento económico global do país nos próximos anos. Este objetivo será alcançado se, e só se, o governo e outras partes interessadas, incluindo os agricultores, envidarem esforços consideráveis para aumentar a produtividade agrícola. Entre os factores que contribuem para o aumento da produtividade agrícola, alguns são o aumento da utilização de insumos agrícolas modernos, tais como sementes melhoradas, fertilizantes e através da modernização das actividades agrícolas, utilizando implementos agrícolas e sistemas agrícolas melhorados, bem como através da introdução de tecnologias agrícolas modernas no sector (CSA, 2013/14). A degradação das terras, associada à irregularidade das chuvas, à seca e aos problemas de pobreza, constitui uma séria ameaça à segurança alimentar das famílias na Etiópia. Alimentar a população etíope em constante crescimento com solos cada vez mais reduzidos e esgotados em nutrientes será, no mínimo, muito difícil. A opção realista no atual cenário etíope é aumentar a produtividade alimentar por unidade de terra.

O solo é considerado como uma fonte que fornece suporte físico, água e nutrientes às plantas (Unger, 1984). A lavoura tem por objetivo criar um ambiente de solo favorável ao crescimento das plantas (Klute, 1982). A lavoura é definida como um conjunto de operações realizadas no solo para preparar uma cama de sementes, controlar as ervas daninhas e melhorar as condições físicas do solo para melhorar o estabelecimento, o crescimento e o rendimento das culturas, bem como conservar a humidade do solo (FAO, 1990). Por conseguinte, as práticas de lavoura devem ser avaliadas em termos do seu efeito nas propriedades físicas do solo. As propriedades físicas importantes do solo, como a estrutura do solo, as dimensões e a distribuição dos agregados, a densidade aparente, a resistência à penetração, a infiltração da água, a condutividade hidráulica, a porosidade, o índice de vazios, a percentagem de micro, meso e micro cavidades do solo e a compactação do solo são afectadas pela mobilização (Hamza e Anderson, 2005). As práticas de lavoura afectam profundamente as propriedades físicas e hidráulicas do solo. As operações de lavoura geralmente soltam o solo, diminuem a densidade aparente do solo e a resistência à penetração, aumentando a macroporosidade do solo. Nestas condições, também se obtiveram melhorias no desenvolvimento e rendimento das culturas, especialmente em anos muito secos (Murillo et al., 2001). A preparação da cama de sementes é crucial para o crescimento das plântulas, o estabelecimento das plantas e o rendimento final das culturas. Como tal, é necessária muita consideração para determinar as condições mais adequadas para o crescimento das culturas. No sistema de produção de culturas, antes da sementeira, a preparação da cama de sementes ou lavoura é uma operação de campo importante. Devido ao uso repetido de alfaias de lavoura, a camada do subsolo é compactada, levando a uma percolação deficiente e a condições difíceis para o crescimento das raízes.

Na Etiópia, a preparação da terra é caracterizada pela utilização de alfaias agrícolas tradicionais atrasadas. Estas incluem ferramentas manuais simples e alfaias de tração animal, como a *Maresha,* que são utilizadas pelos camponeses para a preparação da cama das sementes, a monda e o cultivo (Mengesha e Zelalem, 1997), como citado por Yohannes (2007). As alfaias agrícolas tradicionais utilizadas pelos camponeses são consideradas como um dos principais factores que atrasam a produtividade agrícola no país. Estas alfaias agrícolas tradicionais têm de ser utilizadas quatro a oito vezes, dependendo do tipo de solo e do teor de humidade, numa única parcela de terra, para criar uma cama de sementes adequada, o que normalmente se obtém à custa de tempo e energia, e danificando as propriedades físicas vitais do solo, levando à sua compactação ou densificação. Estas alfaias resultam geralmente numa produção de mão para boca e não orientada para o mercado. As ferramentas e práticas de lavoura são indígenas e escolhidas pelos próprios agricultores com base nos seus recursos e necessidades. No entanto, estes instrumentos e práticas autóctones colocam condicionalismos como a ineficiência, o trabalho penoso e a má qualidade do trabalho, o que resulta em baixos rendimentos. A promoção e a manutenção da produtividade dos agricultores para além do nível de subsistência estão estreitamente relacionadas com a utilização de instrumentos e ferramentas agrícolas melhorados (mecanização da agricultura) para lavrar e cultivar a terra.

Diferentes tipos de implementos de lavoura têm diferentes capacidades de alterar as propriedades físicas e químicas do solo que afectam o crescimento, o rendimento e a qualidade das culturas (Strudley *et al.,* 2008). Também é geralmente aceite que o tipo de implemento de lavoura afecta a geometria dos sistemas radiculares, a acessibilidade dos nutrientes às plantas e, consequentemente, o estabelecimento, o crescimento e o rendimento das culturas (Ashraful et al., 2001). Por isso, é essencial selecionar um implemento de lavoura que desenvolva e mantenha as propriedades físicas do solo desejadas para o crescimento bem sucedido das culturas (Stevens, 2009). O tempo e a frequência da lavoura também têm um efeito significativo na produção de culturas (Stenberg *et al.,* 1997).

Os efeitos das alfaias de lavoura nas propriedades físicas transitórias do solo, como a estrutura do solo, o tamanho dos agregados e a sua distribuição, a densidade aparente, a resistência à penetração, a porosidade, o índice de vazios, a infiltração, a compactação do solo e a retenção de água são muito importantes. A seleção e a utilização de uma ou mais alfaias de lavoura dependem do estado de humidade do solo, da topografia, do clima, da textura do solo, da profundidade das águas subterrâneas, da densidade, da estrutura e da agregação do solo, etc. (De Datta et al., 1988). A utilização de alfaias de lavoura adequadas melhora frequentemente a maior parte das propriedades físicas do solo e promove assim a produção e a produtividade.

As informações sobre os efeitos das alfaias de lavoura nas propriedades físicas transitórias do solo são muito limitadas (Hailu, 2006). Na Etiópia, na maioria das vezes, os agricultores utilizam o mesmo tipo de arado em diferentes tipos de solo e em diferentes condições climatéricas. Isto, na maioria dos casos, resultou na deterioração das estruturas do solo, para além da redução dos rendimentos. Até agora, foram realizados estudos muito limitados com resultados inconclusivos para quantificar o efeito direto das alfaias de lavoura nas propriedades físicas transitórias do solo que determinam o estabelecimento, o crescimento e o rendimento das culturas. Por isso, este estudo foi concebido para avaliar o efeito de diferentes alfaias de lavoura nas propriedades físicas transitórias do solo em diferentes tipos de solo com os seguintes objectivos.

OBJECTIVO GERAL

O objetivo geral deste estudo foi investigar o efeito das alfaias de lavoura nas propriedades físicas transitórias do solo e a durabilidade das mesmas em diferentes tipos de solo.

Objectivos específicos

> Determinar o efeito de ARDU, AIRIC, Ripper e charruas locais nas propriedades físicas transitórias de solos argilosos, silto-argilosos e franco-argilosos

> Examinar a durabilidade das propriedades físicas transitórias alteradas em relação aos tipos de solo e às alfaias de lavoura utilizadas.

CAPÍTULO 2. REVISÃO DA LITERATURA

2.1. Lavoura

Olatunji (2007) definiu a mobilização do solo como a manipulação mecânica do solo com o objetivo de melhorar as condições do solo para a produção de culturas. A lavoura é um meio de melhorar as condições físicas do solo, como a agregação do solo, que afecta a força da zona radicular, o arejamento e o fluxo de água, entre outras coisas. No entanto, a seleção das alfaias de lavoura para a preparação da cama de sementes depende do tipo e do estado do solo, do tipo de cultura, dos tratamentos anteriores do solo e da quantidade de resíduos de culturas e ervas daninhas. A lavoura indiscriminada, sem ter em conta a topografia, o solo, o clima e as condições da cultura, conduzirá à deterioração do solo através da erosão e da perda de estrutura (Olatunji, 2007).

2.2. Objetivo da lavoura

O objetivo principal da lavoura é alterar a estrutura do solo de modo a criar condições favoráveis para a germinação de sementes, emergência de plântulas, desenvolvimento de raízes e crescimento geral da cultura (Hadas et al., 1978). Os objectivos particulares da mobilização do solo incluem a preparação de uma cama de sementes, a destruição de ervas daninhas, a melhoria das relações solo-água-ar e a redução do impedimento às raízes das plantas (Marshall e Holmes, 1979). Portanto, o principal objetivo da mobilização primária do solo é soltar o solo que foi compactado pelo tráfego de máquinas ou por processos naturais. A lavoura permite um bom controlo das ervas daninhas com um baixo custo de herbicida; permite o controlo de doenças e insectos, destruindo-os através do enterramento dos resíduos de culturas. A principal necessidade da lavoura é preparar a terra ou a cama de sementes onde as plantas possam crescer facilmente. A utilização de diferentes tipos de equipamentos acionados manualmente ou por animais ou máquinas motorizadas torna o solo adequado para colocar as sementes à profundidade desejada. A mobilização dos campos impede ou retarda o crescimento de ervas daninhas e melhora a competição das culturas contra as ervas daninhas. No entanto, a lavoura deve proporcionar uma condição de superfície do solo que permita que a água seja retida e se infiltre rapidamente durante a parte da estação de cultivo em que o escoamento é mais provável de ocorrer (Allmaras, 1977). A lavoura também mistura os resíduos vegetais com o solo, o que pode acelerar a atividade dos microrganismos do solo na decomposição dos resíduos das culturas e da matéria orgânica do solo. Uma mobilização incorrecta do solo, devido à falta de compreensão do objetivo e das limitações das técnicas de mobilização, pode ter efeitos negativos. A mobilização incorrecta do solo é uma das causas da erosão e da degradação física do solo. Além disso, a lavoura excessiva ou a lavoura efectuada quando o teor de humidade do solo não é adequado provoca efeitos negativos. Uma mobilização excessiva da superfície rompe os agregados, favorecendo a formação de crostas superficiais, o aumento do escoamento superficial e o transporte erosivo das partículas do solo.

2.3. Tipos de práticas de lavoura

Os sistemas de lavoura recomendados são geralmente categorizados como lavoura de conservação ou lavoura convencional (Weston, 1994). A lavoura mecânica é o método direto mais utilizado para alterar o estado do solo para a produção de culturas. As ferramentas de lavoura, incluindo arado, cinzéis, cultivadores e grades, são concebidas para quebrar, cortar, soltar, inverter ou misturar o solo e para alisar ou moldar a sua superfície. A lavoura revolve o solo e cobre os resíduos das culturas, produzindo normalmente superfícies com bastantes torrões. A gradagem quebra os torrões em partículas mais pequenas e a gradagem alisa a superfície para formar uma cama de sementes (Thompson et al., 1973). Uma boa cama de sementes proporciona um ambiente adequado para o estabelecimento das plântulas.

Na Etiópia, a Secção de Investigação de Implementos da Unidade de Desenvolvimento Agrícola de Chillalo (CADU) iniciou estudos sobre tração animal em 1968. Foram efectuados numerosos ensaios para avaliar charruas e barras de ferramentas fabricadas localmente e importadas. Os resultados dos estudos efectuados com a *'Maresha'*, as charruas de aiveca melhoradas e as grades como instrumentos de preparação da cama de sementes demonstraram que não havia diferença significativa nos rendimentos obtidos utilizando qualquer uma destas charruas, embora o tempo de trabalho fosse reduzido em 50% quando se utilizava um implemento melhorado. Após modificações consideráveis, no Centro de Investigação e Melhoramento de Implementos Agrícolas de Melkassa (AIRIC), nos anos 1985-1986, foram fabricados e testados em condições de campo protótipos promissores. A versão final da charrua melhorada com o nome de Nazareth foi finalmente desenvolvida. Os ensaios de campo desta charrua revelaram um aumento de 12% no rendimento de grãos de milho em comparação com a "*Maresha*". Desde então, foi efectuada uma série de modificações na charrua e, finalmente, foi desenvolvida a charrua de aiveca anexa *'Erif* e *'Mofef* (EARO, 2000). A charrua de aiveca AIRIC e a charrua de aiveca Asella Agricultural Development Unit (ARDU) são as alfaias de lavoura primárias melhoradas e são classificadas como charruas de uso geral. A maresha Ripper foi concebida para quebrar a camada dura do solo e conservar a humidade.

2.4. Mecânica do afrouxamento do solo

A ação de elevação, torção e rotação da charrua deixa o solo num estado agregado e solto. Cada tipo de sistema de lavoura tem um efeito diferente no escoamento superficial da água e na erosão. Um sistema de lavoura que ajude a reter a humidade e diminua a erosão do solo beneficiará a qualidade das águas superficiais. A lavoura é uma manipulação mecânica efectuada para melhorar as condições físicas do solo. As ferramentas utilizadas para estas operações provocam a degradação do solo à medida que se deslocam através dele. O modo de rutura do solo varia consoante as condições do solo e os parâmetros da ferramenta (Salokhe e Pathak, 1993). Payen (1979) descreveu matematicamente a ação da ferramenta de lavoura no solo como:

$$Sf = f\,(Si,\ F) \tag{1}$$

Onde, S_f é o estado final do solo, S_i é o estado inicial do solo e F representa as forças mecânicas aplicadas ao solo pelas alfaias. F é descrita como uma função dada a seguir:

$$F = g\,(Si,\ Tm,\ Ts,\ Tma) \tag{2}$$

Onde, T_m é o modo de movimento da ferramenta em termos de velocidade, profundidade de operação e presença de vibrações, T_s é a forma da ferramenta e T_{ma} é responsável pelos materiais da ferramenta. Os processos de desagregação ou formação de agregados variam com a largura da ferramenta, o ângulo de inclinação, a profundidade de operação e o teor de humidade do solo no momento da operação. Para uma determinada condição inicial do solo, o desempenho de um determinado sistema de ferramentas de solo pode ser controlado ou variado apenas alterando as quantidades T_m , T_s e T_{ma} . O desempenho neste sentido é avaliado pela extensão do afrouxamento ou outras mudanças estruturais alcançadas por uma ferramenta de lavoura.

As propriedades físicas do solo, como a estabilidade dos agregados e a condutividade hidráulica, devem ser utilizadas para descrever os efeitos da lavoura (Schaffer e Johnson, 1982). Outras propriedades que podem ser utilizadas são as alterações da densidade aparente e da porosidade (Rawls et al., 1983). A diminuição da densidade aparente devido às operações de afrouxamento do solo aumenta a taxa de fluxo de água no solo.

2.5. Estado das sementeiras

As condições da cama de sementes exigem um ambiente estrutural específico do solo para a germinação e o crescimento das plantas. Dexter (1988) definiu uma cama de sementes óptima como aquela que tem diâmetros de agregados entre 1 e 5 mm na proximidade das sementes, embora possam ser necessários agregados mais pequenos para evitar que as sementes pequenas caiam demasiado fundo. O fornecimento de água às raízes das plantas requer tanto a capacidade de armazenamento do solo como a capacidade de transmissão, que são propriedades físicas do solo que podem ser alteradas em benefício das plantas através da seleção adequada e da utilização apropriada das alfaias de lavoura.

2.6. Efeitos da lavoura nas propriedades físicas do solo

Para assegurar o crescimento normal das plantas, o solo deve ser preparado em condições tais que as raízes possam ter ar, água e nutrientes suficientes. Na produção vegetal, a profundidade da lavoura é importante para melhorar o estado do solo. Chang e Lindwall (1990) indicaram, a partir de uma revisão da literatura, que as alterações das propriedades do solo devido à lavoura estão relacionadas com vários factores. Estes aspectos incluem o tipo de solo, o tipo de equipamento de lavoura, a profundidade de lavoura, as condições do solo, como o teor de humidade no momento da lavoura e as condições climáticas. O aumento da profundidade de lavoura aumenta o diâmetro médio do peso do torrão (MWD) (Yassen et al. 1992).

O conhecimento das relações entre as diferentes propriedades físicas do solo é necessário para a avaliação das possíveis consequências das práticas de mobilização do solo nas condições do solo e na produção vegetal. As alterações das propriedades físicas do solo induzidas pelas alfaias de mobilização podem persistir durante períodos variáveis em vários tipos de solo e estão fortemente relacionadas com as condições climáticas. A maioria das inconsistências das experiências de mobilização do solo deve-se à complexidade das alterações das propriedades físicas do solo provocadas pela mobilização do solo (Douglas e McKyes, 1983). Chang e Lindwall (1990) indicaram que as alterações das propriedades físicas do solo devido à lavoura estão relacionadas com vários factores. Estas incluem o tipo de solo, o tipo de equipamento de lavoura, a profundidade de lavoura, as condições do solo como o teor de humidade no momento da lavoura e as condições climáticas.

2.6.1. Estrutura do solo

A humidade do solo é a fonte de água para uso das plantas, em particular na agricultura de sequeiro (Mweso, 2003). A humidade do solo é altamente crítica para assegurar uma germinação boa e uniforme das sementes e a emergência das plântulas (Arsyid *et al.*, 2009), o crescimento e o rendimento das culturas. A lavoura provoca a alteração das propriedades estruturais do solo, como o diâmetro médio do peso, o tamanho dos agregados, a distribuição do tamanho dos agregados, a porosidade, a distribuição do tamanho dos poros e o rácio de vazios. A extensão da alteração depende da operação de lavoura efectuada e dos tipos de implementos utilizados. Durante as operações de lavoura, a macroestrutura do solo é geralmente alterada e o tamanho médio dos agregados pode ser reduzido como resultado da fragmentação repetida (Ojeniyi e Dexter, 1979). Braunack e Mcphee (1991) concluíram que os implementos de lavoura tinham muito pouca influência na distribuição do tamanho dos agregados produzidos. No entanto, Adam e Erbach (1992) relataram que o tipo de implementos/ferramentas de lavoura teve um efeito significativo na agregação do solo.

O fator mais importante que influencia a estrutura e a distribuição do tamanho dos agregados é o teor de humidade do solo no momento da lavoura (Lyles e Woodruff, 1962). A partir de sete experiências realizadas em três solos diferentes, Dan (1963) concluiu que o diâmetro médio do peso dos agregados do solo era menor quando o solo estava mais seco no momento da lavoura do que quando o solo tinha um teor de humidade mais elevado. A fragmentação pela lavoura altera o tamanho dos agregados, a distribuição do tamanho dos agregados e a distribuição do tamanho dos poros, que podem ser reduzidos pela desagregação dos agregados. Os agregados pequenos preenchem alguns dos grandes espaços porosos, reduzindo efetivamente o número de grandes poros condutores de fluidos.

2.6.2. Porosidade do solo

A porosidade do solo desempenha um papel fundamental na produtividade biológica e na hidrologia dos solos agrícolas. Os poros têm diferentes dimensões, formas e continuidade e estas caraterísticas influenciam a infiltração, o armazenamento e a drenagem da água, o movimento e a distribuição dos gases e a facilidade de penetração do solo pelas raízes em crescimento (Kay e VandenBygaart, 2002.).

Em geral, a operação de lavoura aumenta a porosidade total do solo, aumentando a distribuição do tamanho dos poros e os poros (Linden, 1982). Allmaras (1977) relatou que o aumento da porosidade total pela lavoura é mais devido ao aumento dos macroporos do que dos microporos.

Os solos necessitam de poros e canais grandes para um arejamento adequado e uma boa drenagem. Os poros grandes que podem ser vistos pelo olho humano são conhecidos como macroporos. Os mesoporos e os microporos são demasiado pequenos para serem vistos pelo olho humano e são responsáveis, respetivamente, pelo armazenamento da água disponível para as plantas e pela retenção da água que não está disponível para as raízes das plantas. O movimento do ar através dos microporos é muito lento. Para um bom crescimento das plantas, o solo necessita de um equilíbrio entre macro, meso e microporos. As caraterísticas da porosidade do solo estão intimamente relacionadas com o comportamento físico do solo, a penetração das raízes e o movimento da água (Sasal et al. 2006) e diferem entre os sistemas de lavoura. A lavoura aumenta a porosidade total do solo, aumentando a distribuição do tamanho dos poros e os poros (Linden, 1982). Allmaras (1977) relatou que o aumento da porosidade total pela lavoura é mais devido ao aumento dos macroporos do que dos macroporos. O tamanho dos torrões resultantes das operações de lavoura é determinado em grande parte pelo tipo de solo e as condições no momento da lavoura, quando o solo está muito húmido (perto da capacidade de campo), geralmente produz torrões grandes. As práticas de lavoura podem também introduzir descontinuidades nos poros (Beven e Germann, 1982). No entanto, o espaço poroso na camada de arado é afetado por práticas de gestão como a lavoura. A porosidade total, especialmente a porosidade interagregada, é reduzida principalmente pela compactação (Hillel, 1980), que é normalmente causada por maquinaria agrícola. O tipo de implemento também terá uma influência importante no efeito da lavoura na aeração do solo (Khan, A.R, 1996). Hillel (1980) definiu a porosidade como um índice do volume relativo de poros no solo, e é quantificado como a razão entre o volume não sólido e o volume total do solo, dado por:

$$f = 1 - \frac{\rho_b}{\rho_s} \tag{3}$$

Onde f é a porosidade, ρ_b é a densidade aparente do solo, e ρ_s é a densidade das partículas do solo

2.6.3. Densidade aparente

Os solos com maior proporção de poros em relação aos sólidos têm densidades aparentes mais baixas do que aqueles que são compactos e têm menos poros (Brady e Weil, 1999.). Densidades aparentes superiores a 1,60 Mg/m^3 podem restringir o crescimento das raízes e resultar em baixos níveis de movimento da água no solo e dentro dele (Smith, 1988).

A densidade aparente é uma das propriedades físicas do solo que são sempre alteradas pela operação de lavoura (Mielke et al., 1986). Esta condição pode ser alterada pelo cultivo, pisoteio por animais, maquinaria agrícola, clima, ou seja, impacto de gotas de chuva (Arshad et al., 1996). O conhecimento da densidade aparente do solo é essencial para a gestão do solo, e a informação sobre a densidade aparente do solo é importante para a compactação e degradação da estrutura do solo, bem como para o planeamento de técnicas agrícolas modernas. A previsão da densidade aparente baseia-se no conceito de que a fratura e a elevação do solo pelas alfaias de lavoura são a principal contribuição para a alteração da densidade aparente do solo (Chen, 1992).

2.6.4. Resistência à penetração

Bradford (1986) definiu a penetrabilidade do solo como a medida da facilidade com que um objeto pode ser conduzido ou empurrado para o solo. O tráfego de diferentes alfaias agrícolas ou o pisoteio de animais pode causar a destruição dos poros do solo e aumentar a resistência do solo à penetração e a densidade aparente do solo (Fuentes *et al.*, 2004). Quanto maior for a compactação, mais efeitos adversos são observados no estabelecimento das plântulas, no desenvolvimento das raízes e no rendimento das culturas. As propriedades do solo, como a distribuição do tamanho das partículas, o teor de matéria orgânica (MO), o teor de humidade e a densidade aparente afectam a compactação e a resistência do solo. Os efeitos da compactação podem ser atenuados por subsolagem, aração profunda e cinzelamento, mas estes métodos são temporários porque o solo volta a assentar no seu lugar (Ishaq *et al.*, 2002).

2.6.5. Infiltração de água

A infiltração da água da chuva e da água de irrigação é muito importante para a conservação da água, especialmente em condições ambientais semi-áridas. A infiltração também controla a lixiviação, o escoamento superficial e aumenta a disponibilidade de água para as culturas (Franzluebbers, 2002). Os sistemas de lavoura convencionais tiveram uma infiltração significativamente mais elevada do que os sistemas de lavoura de conservação num solo argilo-arenoso (Moreno *et al.*, 1997). A condutividade hidráulica da lavoura convencional, da lavoura de conservação e da pradaria natural foi medida e verificou-se que a condutividade hidráulica da pradaria natural era a maior dos três métodos. O sistema de lavoura convencional aumenta inicialmente a infiltração, mas o solo reconsolida-se pouco tempo depois, reduzindo a taxa de infiltração (Fuentes *et al.*, 2004). Isto pode ser devido à formação de crosta logo após a lavoura (Schwartz *et* al., 2003). A lavoura afecta a infiltração através dos seus efeitos sobre a porosidade e a rugosidade aleatória, assim, um aumento da porosidade aumenta a taxa e a quantidade de infiltração devido à condução mais rápida da água e ao armazenamento temporário da água em poros grandes (Allmaras et.al., 1977). Este efeito da lavoura na infiltração geralmente dura apenas até que o solo volte ao seu estado anterior de densidade aparente. As medições das caraterísticas dos poros estão a tornar-se um meio de caraterizar a estrutura do solo, uma vez que influenciam numerosas funções nos solos. Uma função importante do solo é a transmissão de água, que afecta diretamente a produtividade das plantas e o ambiente.

2.6.6. Teor de humidade do solo

Os efeitos possíveis dos métodos de lavoura sobre o rendimento da cultura em regiões secas são atribuídos às diferenças nos regimes de água do solo. Os teores de humidade mais elevados foram atribuídos à redução da evaporação na lavoura de conservação devido à presença de cobertura de resíduos (Lal, 1981c). Lopez *et al.* (1996) concluíram que o plantio direto é uma prática ineficaz para melhorar o conteúdo de água no solo. Isto deve-se ao facto de que a resposta do solo à mobilização é altamente provável a longo prazo. Por isso, é necessário efetuar estudos de mobilização do solo em diferentes condições de solo, de cultura e de clima. A lavoura influencia o crescimento e o rendimento das culturas, alterando a estrutura do solo e os padrões de remoção de humidade durante a estação de crescimento. As mudanças na estrutura do solo e na remoção da humidade dependem das propriedades do solo, dos tipos de lavoura e das condições climáticas (Lindwall, 1984).

2.6.7. Agregação do solo

A agregação do solo refere-se à ligação das partículas primárias do solo para formar partículas compostas de várias formas e tamanhos, conhecidas como agregados. A formação e a manutenção de agregados estáveis é uma caraterística essencial da fertilidade do solo. Os agregados do solo são formados e fragmentados pelo processo físico da lavoura. Estes processos resultam na formação de torrões de diferentes tamanhos devido à desagregação de agregados maiores e à compressão de agregados mais pequenos em grandes espaços porosos (Braunack e Dexter, 1989). Gill e McCreery (1960) sublinharam a importância do tipo de implemento de lavoura e do tamanho do corte na influência do diâmetro médio do peso resultante dos torrões para solos coesivos consolidados. São necessários tamanhos de agregados favoráveis para um bom contacto semente-solo, uma melhor emergência das plântulas e um fluxo de água ótimo (Braunack, 1995). Braunack (1995) verificou que as camas de sementes mais finas produzem uma maior emergência, enquanto os agregados mais grosseiros resistem à formação de crostas à superfície (Anger e Mehuys, 1993).

2.6.8. Matéria orgânica do solo

As práticas convencionais de lavoura resultaram em teores de carbono mais baixos nos solos agrícolas devido ao aumento das taxas de decomposição e à redistribuição do carbono (Christensen, 1996). O cultivo do solo reduz a matéria orgânica e altera a distribuição e a estabilidade dos agregados do solo (Six *et al.*, 1998). O cultivo também estimula as perdas de carbono do solo devido à oxidação acelerada do carbono do solo pela ação microbiana. Nos solos cultivados convencionalmente, a matéria orgânica está distribuída de forma equitativa ao longo da camada arada devido à incorporação dos resíduos de culturas de forma homogénea na camada arada. As operações de lavoura intensiva resultam numa distribuição mais ou menos uniforme da matéria orgânica do solo na camada superficial do solo. Paustian *et al.* (1997) relataram um aumento da quantidade de matéria orgânica com a aplicação da lavoura de conservação.

Os impactos da lavoura na matéria orgânica do solo (SOM) foram bem relatados, mas os resultados variam devido a muitos factores que contribuem para isso, como o tipo de solo, o sistema de cultivo, a gestão dos resíduos e as condições climáticas (Reicosky *et al.*, 1995). Os sistemas convencionais de lavoura geralmente aumentam a produtividade das culturas, melhorando as relações solo-ar-água necessárias para o crescimento das plantas. Este sistema de gestão aumenta as possibilidades de perda de matéria orgânica do solo devido à mistura de solo e resíduos de culturas, à perturbação dos agregados do solo e ao aumento da porosidade. A alteração das condições do solo por implementos de lavoura pode afetar significativamente a produtividade e a sustentabilidade através da influência na distribuição de SOM no perfil do solo, na dinâmica dos nutrientes e na atividade microbiana (Mahboubi *et al.*, 1993). A perda de matéria orgânica do solo devido à lavoura pode ser considerada como uma função do tipo de solo, condição climática e prática de cultivo (Lal *et al.*, 1998). A influência a curto prazo da lavoura na transferência de carbono do solo para o monóxido de carbono atmosférico (Co) em solo semi-árido é pequena (Ellert e Janzen, 1999).

CAPÍTULO 3. MATERIAIS E MÉTODOS

3.1. Descrição da área de estudo

A experiência foi realizada em Omo Nada Woreda da Zona de Jimma, que se situa entre as latitudes de 7^0 38' e 8^0 45'N, e as longitudes de 36^0 00' e 37^0 15'E (Haile e Tolemariam, 2008). O Woreda tem uma altitude que varia entre 1000 e 3340 metros acima do nível do mar (masl). A precipitação média anual é de 1131,08 mm com estações chuvosas bimodais. A temperatura média máxima e mínima é de $27,60^0$ C e $13,00^0$ C, respetivamente, e a humidade relativa média é de 70,00%.

O uso da terra na Woreda é tal que 56,80% é arável (cultivável), 25,20% é pastagem, 6,30% é floresta e os restantes 11,70% são considerados área pantanosa, degradada ou terra inutilizável. A área é caracterizada por um sistema agrícola misto, no qual o milho, o tef, o arroz, a sorgo e o trigo são cereais importantes; o café, as frutas e os legumes também são produzidos como culturas de rendimento. A produção de gado também faz parte dos sistemas agrícolas.

3.2. Conceção experimental

O experimento foi realizado durante os meses de junho a setembro no ano 2014 G.C. O experimento foi um bloco completo randomizado; quatro implementos de lavoura: Arado ARDU (Fig. 1), arado AIRIC (Fig. 2), maresha local (Fig. 3) e maresha Ripper (Fig. 4) foram utilizados para efetuar a operação de lavoura. Cada teste teve três repetições cada. Três parcelas não lavradas foram usadas como controle. O tamanho de cada parcela era de 4 m por 10 m (40 m^2) com uma zona tampão de 4 m entre as parcelas (Fig. 5). As operações de lavoura foram efectuadas com uma parelha de bois por uma pessoa treinada para cada tipo de alfaias e para três tipos de solo. As segundas operações de lavoura foram efectuadas após 15th dias da primeira passagem ou operação. Estes tratamentos (alfaias de lavoura) foram aplicados em três tipos diferentes de solo: argiloso, siltoso e argiloso, sob as mesmas condições ambientais ou climáticas. O milho foi utilizado como cultura de ensaio e semeado após a preparação da parcela experimental com as alfaias acima referidas.

Figura 1. Charrua de aiveca ARDU

Figura 2. Charrua de aiveca AIRIC

Figura 3. Maresha local

Figura 4. Ripper maresha

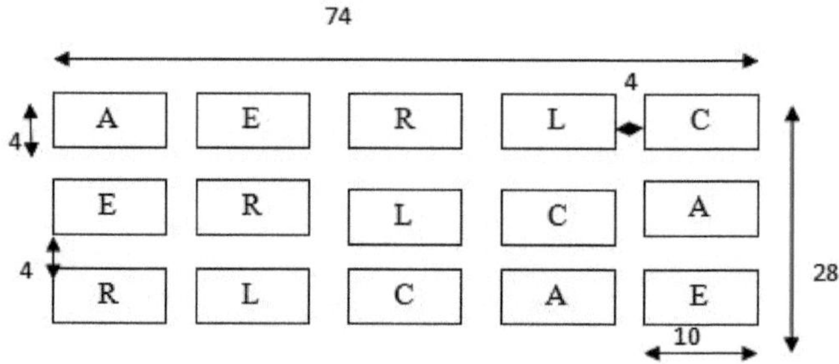

Figura 5. Disposição das parcelas experimentais (A-ARDU, E-AIRIC, R- Ripper maresha, L-local maresha e C-controlo; todas as dimensões estão em metros).

3.3. Métodos de recolha de dados

3.3.1. Resistência à penetração

A resistência à penetração do solo foi avaliada antes da lavoura e depois da lavoura até à colheita, em intervalos regulares, utilizando um penetrómetro de cone. Um penetrómetro de cone foi empurrado para dentro do solo com ambas as mãos, aplicando a mesma força em ambas as pegas (Anexo Fig. 2). A resistência à penetração (índice do cone KN/cm^2) do solo foi determinada dividindo a leitura do mostrador (força) pela área da base do cone. Durante a medição de campo da resistência à penetração, a sonda foi gradualmente empurrada para dentro do solo a diferentes profundidades; de 0-10, 10-20 e 20-30 cm e as leituras do mostrador correspondentes às profundidades foram registadas.

3.3.2. Densidade aparente seca

Foram colhidas três amostras de solo por parcela, antes da lavoura, depois da lavoura, de quinze em quinze dias durante todo o crescimento da cultura e depois da colheita, utilizando um amostrador de núcleo de aço inoxidável com um diâmetro de 50,00 mm e uma altura de 50,00 mm (Anexo Fig. 1). Para estimar a densidade aparente seca dos solos em cada tratamento, foram colhidas aleatoriamente amostras de solo nas profundidades de 0-10, 10-20 e 20-30 cm. As amostras de solo recolhidas foram cortadas até ao volume exato do amostrador central, pesadas e secas em estufa a $105,00^0$ C até se registarem pesos constantes. A densidade aparente seca foi determinada como um rácio da massa de solo seco por unidade de volume (Eq. 4) (Baruah e Barthakur, 1997), conforme citado por Hailu Hundie 2006.

$$bulk\ density\left(\frac{g}{cm^3}\right) = \frac{mass\ of\ oven\ dry\ soil\ (g)}{volume\ of\ soil\ sample\ (cm^3)} \qquad (4)$$

3.3.3. Porosidade total

A porosidade total das amostras de solo recolhidas nas profundidades de 0-10, 10-20 e 20-30cm foi calculada utilizando a equação 3, uma densidade de partículas assumida de 2,65 g /cm^3

3.3.4. Teor de humidade

Para estimar os teores de humidade dos solos em cada tratamento, foram colhidas aleatoriamente amostras de solo das profundidades de 0-10, 10-20 e 20-30 cm utilizando um amostrador de núcleo (Anexo Fig. 1). As amostras de solo recolhidas foram pesadas e secas em estufa a $105,00^0$ C até se registarem pesos constantes. Os teores de humidade das amostras foram estimados como uma relação de grama de água por grama de solo seco. A percentagem de humidade (MC %) de cada amostra foi calculada utilizando a Eq. 6 (Hillel, 1980).

$$moisture\ content\ (\%) = \frac{W_w - W_d}{W_d} \qquad (5)$$

Onde, W_w é o peso do solo húmido (g) e W_d é o peso do solo seco (g)

3.3.5. Taxa de infiltração

A medição da taxa de infiltração dos solos antes e depois da lavoura e durante o período de crescimento da cultura foi feita com o infiltrómetro de Guelph (Anexo Fig. 3); as infiltrações foram medidas em três locais escolhidos aleatoriamente em cada parcela. Os valores médios da infiltração acumulada foram representados em relação ao tempo t para estudar a influência da lavoura na taxa de infiltração de água no solo.

3.3.6. Profundidade do sulco

A profundidade dos sulcos formados pelas alfaias de lavoura utilizadas foi avaliada com um simples perfilómetro de sulcos. Para o efeito, foram cravadas no solo duas estacas de cada lado de um sulco. As duas estacas foram depois ligadas com um fio cujo nível foi mantido com um nível de inclinação. A profundidade real da lavoura foi obtida subtraindo a distância vertical entre o fio e o solo da distância entre o mesmo fio e o fundo do sulco (Fig. 6).

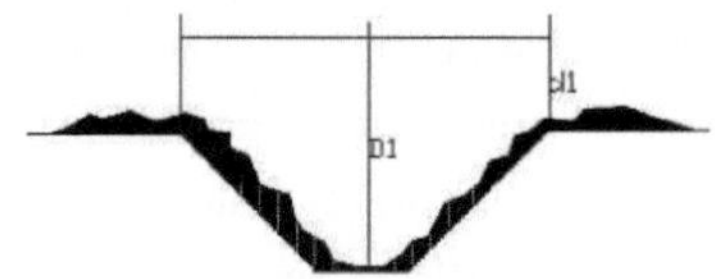

Figura 6. Medição do perfil do sulco; (profundidade da lavoura = D_1 - d)$_1$

3.3.7. Matéria orgânica e outros

O teor de carbono orgânico (%) do solo não lavrado foi determinado pelo método Walkley-Black (Page et al., 1982). Foi oxidado por dicromato de potássio numa solução de ácido sulfúrico. A matéria orgânica (%) foi obtida a partir do carbono orgânico (%), multiplicando-o por um fator de conversão de 1,724. O sulfato ferroso foi utilizado para a titulação, enquanto a difenilamina de bário foi utilizada para indicar a mudança de cor. As amostras de solo foram analisadas para determinar a textura do solo, a capacidade de campo, o ponto de murcha permanente e a propriedade caraterística de retenção de humidade. Utilizando um trado, as três amostras compostas de solo da superfície perturbada foram recolhidas a três profundidades (010, 10-20 e 20-30 cm) e determinadas em laboratório utilizando métodos de ensaio laboratoriais normalizados.

3.3.8. Análise da distribuição do tamanho dos agregados

As amostras de solo recolhidas nas parcelas lavradas foram secas ao ar para remover a humidade da amostra. Após a secagem ao ar, foi colocado um peso conhecido na peneira mais alta de uma série de peneiras dispostas verticalmente. O solo deixado em cada peneira, depois de agitado muito suavemente para evitar mais fragmentação, foi pesado e a Eq. 7 foi usada para calcular o diâmetro médio do peso dos agregados do solo (Mutsa, 1995):

$$MWD\ (mm) = \frac{\sum x_i w_i}{\sum w_i} \tag{6}$$

MWD = diâmetro médio ponderal, mm, x_i = diâmetro médio de qualquer gama de tamanhos i de qualquer agregado, mm, e w_i = peso do agregado na gama de tamanhos i como uma fração do peso seco total em gramas.

3.4. Análise estatística

Todos os dados recolhidos foram devidamente organizados e submetidos a uma análise estatística rigorosa, a análise de variância (ANOVA) utilizando o software de análise estatística (SAS). A diferença menos significativa (LSD) a 5% de probabilidade foi utilizada para verificar se existiam diferenças significativas entre as propriedades físicas do solo induzidas por diferentes implementos de lavoura.

CAPÍTULO 4. RESULTADOS E DISCUSSÃO

4.1. Quantidade e distribuição da precipitação durante a estação

A análise da pluviosidade e de outras variabilidades climáticas não era a finalidade nem o objetivo deste estudo. No entanto, Jimma e as áreas circundantes são receptores de alta pluviosidade, e o estudo foi afetado durante a estação chuvosa, a discussão com o fornecimento de uma visão geral do padrão de pluviosidade será enganosa e confusa, uma vez que dois dos parâmetros em relação aos quais as alfaias de lavoura foram avaliadas, o conteúdo de humidade do solo e a infiltração foram afectados pela pluviosidade.

O padrão de precipitação sazonal obtido na Estação Meteorológica de Jimma mostrou uma distribuição bimodal. A precipitação mensal durante a estação de cultivo (julho a novembro) de 2014 na área de estudo, conforme registado na Estação Meteorológica de Jimma, é mostrada na Figura 7. Os meses de maio a setembro abrangem a principal estação de crescimento na área de estudo. Pode ver-se na Figura 7 que a precipitação total máxima foi registada nos meses de agosto e maio.

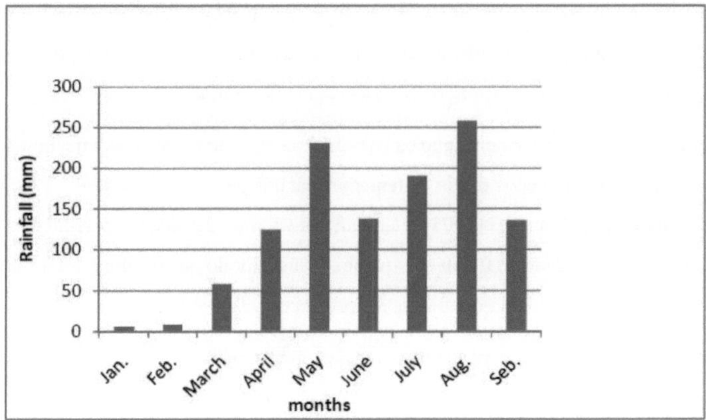

Figura 7. Distribuição mensal da precipitação total em 2014

4.2. Efeito dos implementos de lavoura nas propriedades físicas do solo

A densidade aparente seca, a porosidade, o teor de humidade, a retenção de humidade (teor de humidade antes e depois da lavoura), a resistência à penetração, a infiltração, a distribuição do tamanho dos agregados, a profundidade da lavoura, o teor de matéria orgânica e a textura do solo no local de estudo foram determinados em laboratório ou medidos no campo. Os resultados das constatações, da medição no campo e da avaliação em laboratório, são apresentados a seguir.

4.2.1. Efeito das alfaias de lavoura na densidade aparente seca

A densidade aparente seca de um solo indica a força do solo e, portanto, a resistência às alfaias de lavoura ou às raízes das plantas quando estas tentam penetrar no solo. Os valores da densidade aparente seca de amostras de solo recolhidas nas profundidades de 0 - 10, 10 - 20 e 20 - 30 cm antes e depois da lavoura e durante o período de crescimento são apresentados no Quadro 1. Durante o curso do estudo, foi observado que os implementos de lavoura tiveram efeito significativo na densidade aparente seca do solo. A densidade aparente seca mais alta foi registada com o tratamento sem lavoura em todos os tipos de solo como mostrado abaixo na Tabela 1. A densidade aparente mais elevada registada na parcela de argila argilosa sem mobilização foi de 1,29 g/cm^3 na profundidade de 20 - 30 cm enquanto que a densidade aparente mais baixa foi registada na lavoura ARDU e na maresha RIPPER em solo argiloso e foi de 1,05 g/cm^3 na profundidade de 0 - 10 cm após a 2nd passagem.

Como mostra o quadro 1, a densidade aparente dos solos teve uma tendência crescente com o aumento da profundidade. A densidade aparente do solo foi mais elevada nas parcelas designadas como controlo, sem mobilização do solo (Xu & Mermoud, 2001) relataram as mesmas conclusões), enquanto que diminuiu com a aplicação de práticas de mobilização do solo. A partir da mesma tabela, pode-se facilmente notar que o efeito dos implementos de lavoura nas densidades aparentes secas dos solos é estatisticamente insignificante dentro de um determinado solo, embora o efeito entre os tipos de solo seja diferente em extensão e magnitude; no entanto, a tendência é imprevisível. Kanwar (1989) e Meek et al. (1992) também referiram que o sistema de lavoura e as alfaias têm a capacidade de alterar a densidade aparente e a porosidade dos solos. No entanto, não indicaram a extensão e a magnitude e se a alteração efectuada era significativa ou não.

Os resultados obtidos indicaram claramente que os valores de densidade aparente sob nenhuma lavoura foram mais altos do que aqueles sob todos os outros tratamentos para as profundidades de 0 - 10 cm e 10 - 20 cm (Tabela 1). Da mesma forma, Dam et al (2005) relataram um valor de densidade aparente de 1,37 Mg m^{-3} no campo sem lavoura na profundidade de 0 - 10 cm, que foi 10% maior do que o valor para o solo lavrado (1,23 Mg m^{-3}).

Na profundidade entre 20 e 30 cm, independentemente das diferenças no tipo de solo e implementos usados, as densidades aparentes secas para diferentes tipos de solo e implementos usados não mostraram nenhuma diferença significativa. Embora Heard et al. (1988) tenham observado que não houve diferença na densidade aparente seca entre os diferentes tratamentos de lavoura abaixo da zona de lavoura, as diferenças não significativas entre as densidades dos solos manipulados com diferentes implementos podem ser atribuídas à baixa capacidade dos implementos de lavoura usados para penetrar e quebrar os solos além de 20 cm de profundidade. Isto implica que a conceção das chamadas alfaias melhoradas deve ser revista à luz das suas capacidades de rachar e estilhaçar o solo para reduzir a densidade do solo para o nível desejado. Seja qual for o caso, a redução da densidade aparente seca após a lavoura convencional pode ser atribuída ao efeito de afrouxamento a curto prazo dos implementos de lavoura usados no estudo, como indicado por Bhattacharyya et al. (2006).

Observou-se um aumento da densidade aparente seca durante o período de crescimento à medida que o tempo avançava; isto deve-se à consolidação natural dos solos, tal como indicado por Pelegrin et al. (1990), que referiu que o aumento da densidade aparente na camada arável ocorre com o tempo devido ao assentamento natural (ver Quadro 2). A densidade aparente seca do solo de todos os tratamentos aumentou ao longo da estação de crescimento devido ao assentamento natural do solo a diferentes taxas, o que está de acordo com o resultado de S.H.M. Aikins e J.J. Afuakwa (2012). Conforme indicado por Badali'kova' e Kn^v a'kal (1997), as operações de afrouxamento do solo, especialmente a lavoura, provocam alterações consideráveis na redução da densidade aparente do solo. Após o afrouxamento, a densidade aparente diminui e, normalmente, mantém o seu estado inicial/natural em cerca de 12 meses. As densidades aparentes secas médias dos solos tratados com ARDU, AIRIC. RIPPER e LOCAL maresha não foram estatisticamente diferentes 15, 30 e 75 dias após a aplicação do tratamento ou após o plantio no caso de solo argiloso, 15, 30, 45 e 60 dias após o plantio no caso de solo argiloso siltoso e 15, 45, 60 e 75 dias após o plantio no caso de solo franco-argiloso.

Tabela 1. Efeito do implemento de lavoura na densidade aparente do solo

Tratamentos	Profundidade (cm)	Densidade a granel (g/cm)^2					
		Argila	1st pass Argila siltosa	Barro argiloso	Argila	2nd pass Argila siltosa	Barro argiloso
C	0-10	1.19[a]	1.19[a]	1.21[b]	1.18[a]	1.20[a]	1.21[b]
A	0-10	1.12[b]	1.13[b]	1.13[a]	1.05[b]	1.07[bc]	1.10[a]
E	0-10	1.12[b]	1.14[b]	1.14[a]	1.06[b]	1.08[bc]	1.11[a]
R	0-10	1.11[b]	1.13[b]	1.13[a]	1.05[b]	1.06[c]	1.08[a]
L	0-10	1.14[b]	1.15[b]	1.14[a]	1.06[b]	1.10[b]	1.12[a]
C	10-20	1.24[a]	1.24[a]	1.26[b]	1.22[a]	1.24[a]	1.25[b]
A	10-20	1.22[b]	1.22[b]	1.21[a]	1.13[bc]	1.14[b]	1.14[a]
E	10-20	1.22[b]	1.22[b]	1.23[a]	1.14[b]	1.15[b]	1.15[a]
R	10-20	1.21[b]	1.21[b]	1.21[a]	1.12[c]	1.13[b]	1.14[a]
L	10-20	1.23[ab]	1.23[ab]	1.22[a]	1.15[b]	1.16[b]	1.16[a]
C	20-30	1.24[a]	1.25[a]	1.28[a]	1.24[a]	1.25[a]	1.27[a]
A	20-30	1.23[a]	1.25[a]	1.27[a]	1.22[a]	1.24[a]	1.27[a]
E	20-30	1.23[a]	1.25[a]	1.27[a]	1.23[a]	1.24[a]	1.27[a]
R	20-30	1.23[a]	1.23[a]	1.26[a]	1.23[a]	1.25[a]	1.26[a]
L	20-30	1.24[b]	1.25[a]	1.28[a]	1.23[a]	1.22[a]	1.26[a]
Efeitos principais (média)							
	C	1.22[a]	1.22[a]	1.25[a]	1.21[a]	1.22[a]	1.24[a]
	A	1.19[b]	1.20[b]	1.20[b]	1.13[b]	1.15[ab]	1.17[b]
	E	1.19[b]	1.20[b]	1.21[b]	1.14[b]	1.15[ab]	1.17[b]
	R	1.18[b]	1.19[b]	1.20[b]	1.13[b]	1.14[b]	1.16[b]
	L	1.20[ab]	1.21[ab]	1.21[b]	1.14[b]	1.17[ab]	1.18[b]
Valores de P							
Implementar		0.0001	0.0001	0.0001	0.0001	0.0001	0.0001

Profundidade 0.0001 0.0001 0.0001 0.0001 0.0001 0.0001

Implementar*profundidade 0.3246 0.0001 0.0104 0.0009 0.0131 0.0001

As médias nas colunas dentro da mesma profundidade para os tratamentos seguidos pela mesma letra não são significativamente diferentes a P≤0,05.

Tabela 2. Efeito das alfaias de lavoura na densidade aparente do solo nos dias após a plantação

Treatments & soil types	Mean bulk density (g/cm^2)							
	Days after planting							
	15	30	45	60	75	90	105	120
Clay soil								
A	1.14^b	1.15^b	1.17^b	1.18^b	1.19^b	1.21^c	1.23^c	1.24^c
E	1.15^b	1.16^b	1.17^b	1.19^b	1.20^b	1.22^c	1.24^{bc}	1.26^{bc}
R	1.15^b	1.17^b	1.18^b	1.20^{ab}	1.22^b	1.23^{bc}	1.24^{bc}	1.25^c
L	1.16^b	1.17^b	1.18^b	1.19^b	1.22^b	1.24^{bc}	1.25^{ab}	1.26^{bc}
C	1.19^a	1.20^a	1.21^a	1.23^a	1.26^a	1.26^a	1.27^a	1.27^a
Silty clay soil								
A	1.15^b	1.17^b	1.18^b	1.18^b	1.20^c	1.22^b	1.25^c	1.30^b
E	1.17^b	1.18^b	1.18^b	1.19^b	1.21^{bc}	1.24^b	1.27^{bc}	1.32^{ab}
R	1.15^b	1.17^b	1.18^b	1.19^b	1.21^{bc}	1.24^b	1.26^c	1.31^{ab}
L	1.17^b	1.18^b	1.19^b	1.21^b	1.23^b	1.28^a	1.30^{ab}	1.33^{ab}
C	1.23^a	1.24^a	1.26^a	1.27^a	1.28^a	1.30^a	1.31^a	1.34^a
Clay loam soil								
A	1.18^b	1.19^b	1.21^b	1.22^b	1.23^b	1.25^b	1.29^c	1.33^b
E	1.18^b	1.20^{ab}	1.21^b	1.22^b	1.24^b	1.26^b	1.30^{bc}	1.34^{ab}
R	1.17^b	1.19^b	1.19^b	1.21^b	1.23^b	1.25^b	1.28^c	1.33^b
L	1.19^b	1.20^{ab}	1.21^b	1.22^b	1.23^b	1.26^b	1.32^{ab}	1.35^{ab}
C	1.26^a	1.25^a	1.26^a	1.29^a	1.30^a	1.32^a	1.33^a	1.36^a

As médias dentro das colunas para os tratamentos nos mesmos tipos de solo seguidas pela mesma letra não são significativamente diferentes a P≤0,05.

4.2.2. Efeito das alfaias de lavoura na porosidade total

A porosidade total média das amostras de solo recolhidas nas profundidades de 0 -10, 10 - 20 e 20 - 30 cm lavradas com quatro tipos diferentes de tratamentos de lavoura é apresentada no quadro 3. As alfaias de lavoura afectaram significativamente a porosidade do solo em todos os tipos de solo e número de passagens, exceto para 2nd passagens em solo argiloso, enquanto a profundidade afectou significativamente a porosidade do solo em todos os tipos de solo e número de passagens a p≤0,05. A interação entre as alfaias de lavoura e a profundidade de lavoura (alfaias*profundidade) afectou significativamente a porosidade do solo em argila siltosa e argila argilosa na 1st passagem e em argila e argila siltosa na 2nd passagem (Quadro 3). O resultado mostrado na Tabela 3 indica que a porosidade do solo da parcela sem preparo do solo foi estatisticamente diferente das outras nas profundidades de 0 - 10 cm e 10 - 20 cm.

A manipulação dos solos com Ripper maresha levou à maior porosidade na profundidade de 0 -10 cm (60.25%) no solo argiloso na 2nd passagem enquanto que a não lavoura teve a menor porosidade na profundidade de 20 - 30 cm (51.56%) no solo argiloso na 1st passagem. Mas o efeito principal dos implementos de preparo do solo foi estatisticamente diferente nos três tipos de solo em todas as profundidades. A maresha RIPPER apresentou a porosidade mais alta (57,48%) no solo argiloso siltoso na 2nd passagem, enquanto que a parcela sem preparo do solo apresentou a menor porosidade (52,32%) no solo argiloso na 2nd passagem (Tabela 3). Der e Lal (2008) também registaram uma porosidade total mais elevada nas parcelas lavradas em comparação com as parcelas não lavradas.

Como se pode ver no quadro 3, a porosidade total de todos os tipos de solo diminuiu após a plantação. Isto deve-se ao assentamento natural do solo e ao aumento da densidade aparente seca com o passar do tempo. Por conseguinte, a porosidade total e a densidade aparente seca têm uma relação inversa.

Tabela 3. Efeito das alfaias de lavoura na porosidade total do solo

Tratamentos	Profundidade (cm)	Porosidade total (%)					
		1st pass Solo argiloso	Argila siltosa	Barro argiloso	2nd pass Solo argiloso	Argila siltosa	Barro argiloso
C	0-10	55.09[b]	54.96[b]	54.34[a]	55.72[b]	54.08[a]	53.95[a]
A	0-10	57.74[a]	57.48[a]	57.11[b]	60.12[a]	59.75[b]	58.48[b]
E	0-10	57.61[a]	57.11[a]	56.98[b]	60.00[a]	59.12[b]	58.11[b]
R	0-10	57.99[a]	57.48[a]	56.85[b]	60.25[a]	60.12[b]	59.12[b]
L	0-10	56.98[a]	56.96[a]	56.22[b]	59.87[a]	58.49[b]	58.24[b]
C	10-20	53.46[b]	52.96[b]	52.70[a]	54.72[a]	53.21[a]	51.82[a]
A	10-20	55.59[a]	54.08[a]	54.21[b]	57.12[b]	56.86[a]	56.85[b]
E	10-20	55.47[a]	54.08[a]	53.46[b]	56.85[b]	56.60[a]	56.60[b]
R	10-20	55.97[a]	54.33[a]	54.21[b]	57.74[c]	57.23[a]	56.72[b]
L	10-20	55.47[a]	53.83[a]	53.96[b]	56.60[b]	56.22[a]	56.10[b]
C	20-30	52.83[a]	52.96[a]	51.56[a]	53.21[a]	53.08[b]	51.82[a]
A	20-30	53.58[a]	52.96[a]	52.83[b]	53.71[a]	54.71[a]	52.45[ab]
E	20-30	53.58[a]	52.96[a]	52.83[b]	53.58[a]	54.84[a]	52.07[ab]
R	20-30	53.46[a]	53.46[a]	52.57[ab]	53.46[a]	54.84[a]	52.83[b]
L	20-30	53.21[a]	52.96[a]	51.69[a]	53.58[a]	55.22[a]	52.57[ab]
Efeito principal (média)							
	C	53.83[b]	53.58[b]	52.82[b]	54.59[b]	53.45[b]	52.32[b]
	A	55.72[a]	54.71[a]	54.59[a]	57.06[a]	57.10[a]	55.85[a]
	E	55.59[a]	54.59[a]	54.21[a]	56.85[a]	56.85[a]	55.59[a]
	R	55.97[a]	55.09[a]	54.71[a]	57.23[a]	57.48[a]	56.22[a]
	L	55.34[a]	54.46[a]	54.21[a]	56.72[a]	56.60[a]	55.47[a]
Valores de P							
Implementos		0.0001	0.0001	0.0001	0.0001	0.0001	0.1838
Profundidade		0.0001	0.0001	0.0001	0.0001	0.0001	0.0260
Implementa *depth		0.3594	0.0013	0.0149	0.0001	0.0135	0.3418

As médias nas colunas dentro da mesma profundidade para os tratamentos seguidos pela mesma letra não são significativamente diferentes a $P \leq 0{,}05$.

Tabela 4. Efeito das alfaias de lavoura na durabilidade da porosidade

Tratamentos e tipos de solo	Porosidade total média (%)							
	Dias após a plantação							
	15	30	45	60	75	90	105	120
Solo argiloso								
A	56.72[a]	56.47[a]	55.97[a]	55.59[a]	54.97[a]	54.21[a]	53.58[a]	52.95[a]
E	56.47[a]	55.97[a]	55.72[a]	55.09[a]	54.46[a]	53.96[ab]	53.20[ab]	52.57[ab]
R	56.35[a]	55.84[a]	55.34[ab]	54.84[ab]	54.08[a]	54.59[a]	53.20[ab]	52.70[a]
L	56.22[a]	55.72[a]	55.47[a]	54.97[a]	53.83[a]	52.95[ab]	52.70[bc]	52.07[bc]
C	54.97[b]	54.46[b]	54.46[b]	53.33[b]	52.45[b]	52.32[b]	52.19[c]	51.95[c]
Solo silto-argiloso								
A	56.47[a]	55.97[a]	55.47[a]	55.22[a]	54.13[a]	53.83[a]	52.56[a]	50.94[a]
E	56.46[a]	55.59[a]	55.21[a]	54.84[a]	54.21[a]	52.95[a]	51.82[ab]	50.06[ab]
R	56.48[a]	55.97[a]	55.47[a]	55.09[a]	54.34[a]	53.08[a]	52.20[a]	50.68[ab]
L	55.97[a]	55.59[a]	54.84[a]	54.46[a]	53.45[a]	51.69[b]	50.93[bc]	49.68[ab]
C	53.46[b]	53.08[b]	52.45[b]	52.20[b]	51.45[b]	50.93[b]	50.43[c]	49.55[b]
Solo franco-argiloso								
A	55.46[a]	55.09[a]	54.46[a]	53.83[a]	53.45[a]	52.70[a]	51.32[a]	49.68[a]
E	55.21[a]	54.71[ab]	54.21[a]	53.83[a]	53.20[a]	52.20[a]	50.94[ab]	49.43[ab]
R	55.72[a]	55.21[a]	54.96[a]	54.08[a]	53.33[a]	52.70[a]	51.56[a]	49.55[ab]
L	55.09[a]	54.84[ab]	54.46[a]	54.08[a]	53.70[a]	51.82[ab]	50.18[bc]	48.93[ab]
C	52.45[b]	52.70[b]	51.69[b]	51.19[b]	50.94[b]	50.18[b]	49.55[c]	48.80[b]

As médias dentro das colunas para os tratamentos nos mesmos tipos de solo seguidas pela mesma letra não são significativamente diferentes a P≤0,05.

4.2.3. Efeito da alfaias de lavoura no teor de humidade

O quadro 5 mostra os teores médios de humidade do solo dos três tipos diferentes de solos manipulados mecanicamente com diferentes tipos de alfaias de lavoura e número de passagens. O efeito dos diferentes tipos de utensílios de lavoura e do número de passagens sobre o teor de humidade do solo foi examinado com amostras obtidas da profundidade de 0 - 10, 10 - 20 e 20 - 30 cm. Como se pode ver na tabela, não houve diferença estatisticamente significativa nos teores de humidade dos solos argilosos e franco-argilosos a todas as profundidades após a primeira passagem. Não se verificaram diferenças significativas entre os teores de humidade de todos os solos incluídos no estudo e o número de passagens para além da profundidade de 20,00 cm. O teor de humidade mais elevado de 39,19% na profundidade entre 20 e 30 cm foi observado no solo argiloso, enquanto o teor de humidade mais baixo de 26,69% foi observado na profundidade de 0 - 10 cm sob tratamento sem mobilização no solo argiloso.

Considerando o efeito combinado do tipo de solo, implementos e número de passagens, o maior teor de umidade de 36,82% foi observado sob Ripper maresha em solo argiloso siltoso, enquanto o menor foi de

31,51% sob nenhuma lavoura em solo argiloso.

Os efeitos das alfaias de lavoura foram estatisticamente significativos nos solos argilosos e silto-argilosos em todas as passagens, mas não no solo franco-argiloso em duas passagens para p≤05. No entanto, a profundidade teve um efeito estatisticamente significativo em todos os tipos de solo e passagens. A interação entre as alfaias de lavoura e a profundidade (alfaias*profundidade) só foi estatisticamente significativa no solo argiloso a 2nd passagens. A ligeira variação do teor de humidade dos solos em todas as profundidades pode ser atribuída às propriedades físicas inerentes aos solos e não à variação da forma e tamanho das alfaias de lavoura utilizadas.

Tabela 5. Efeito das alfaias de lavoura no teor de humidade do solo

Tratamentos	Profundidade (cm)	Teor de humidade (%)					
		1st pass Solo argiloso	Argila siltosa	Barro argiloso	2nd pass Solo argiloso	Argila siltosa	Barro argiloso
C	0-10	28.74[a]	28.83[a]	26.69[a]	27.38[a]	30.69[a]	31.79[a]
A	0-10	29.14[a]	32.15[b]	29.16[a]	31.54[b]	34.56[b]	33.44[a]
E	0-10	29.12[a]	32.12[b]	28.56[a]	31.43[b]	34.16[b]	32.42[a]
R	0-10	30.99[a]	33.46[b]	30.08[a]	32.52[b]	35.08[b]	34.42[a]
L	0-10	29.09[a]	31.88[b]	28.49[a]	31.43[b]	33.49[b]	32.42[a]
C	10-20	30.84[a]	33.84[a]	35.67[a]	31.31[c]	33.94[a]	31.69[a]
A	10-20	32.10[a]	35.09[a]	34.04[a]	32.22[b]	35.16[a]	32.91[b]
E	10-20	31.24[a]	34.24[a]	33.14[a]	32.21[b]	34.34[a]	32.89[b]
R	10-20	33.09[a]	36.76[a]	35.67[a]	32.79[a]	36.87[a]	33.27[b]
L	10-20	31.19[a]	34.19[a]	32.10[a]	32.19[b]	34.29[a]	32.87[b]
C	20-30	34.95[a]	36.05[a]	36.85[a]	37.05[a]	37.32[a]	36.94[a]
A	20-30	35.78[a]	36.88[a]	36.08[a]	39.19[a]	37.18[a]	36.18[a]
E	20-30	35.35[a]	37.34[a]	37.40[a]	37.35[a]	36.35[a]	37.50[a]
R	20-30	37.09[a]	38.19[a]	35.39[a]	37.95[a]	38.50[a]	35.49[a]
L	20-30	35.20[a]	36.05[a]	35.51[a]	37.27[a]	36.57[a]	35.61[a]
Efeito principal (média)							
C		31.51[d]	32.91[c]	33.07[a]	31.91[b]	33.98[b]	33.47[a]
A		32.34[b]	34.71[b]	33.09[a]	34.32[a]	35.63[ab]	34.17[a]
E		31.90[c]	34.57[b]	33.03[a]	33.66[ab]	34.95[b]	34.27[a]
R		33.72[a]	36.14[a]	33.71[a]	34.42[a]	36.82[a]	34.39[a]
L		31.82[cd]	34.04[bc]	32.05[a]	33.63[ab]	34.78[b]	33.63[a]
Valores de P							
Implementos		0.0130	0.0029	0.2073	0.0001	0.0076	0.5324
Profundidade		0.0001	0.0001	0.0001	0.0001	0.0001	0.0001
Implementa *depth		0.9998	0.7368	0.2556	0.0001	0.4066	0.2570

As médias nas colunas dentro da mesma profundidade para os tratamentos seguidos pela mesma letra não são significativamente diferentes a P≤0,05.

O teor médio de humidade dos solos manipulados com diferentes tipos de utensílios de lavoura durante o período de crescimento é apresentado no quadro 6. A utilização de diferentes implementos de preparo do solo em diferentes solos influenciou a quantidade de umidade contida em cada solo. As observações sobre o teor de humidade do solo desde a data de plantação até à colheita indicam que não há diferenças significativas no teor de humidade aos 30th e 75th dias após a plantação em solo argiloso, 90th , 105th , e 120th dias após a plantação em solo siltoso e 75th , 90th , e 105th dias após a plantação em solo argiloso. Os maiores teores de humidade foram observados aos 60th dias após a plantação em todos os tipos de solo e em todos os tratamentos. Isto pode ser atribuído à elevada precipitação que ocorreu durante o mês de maio (ver Fig. 7). Assim, o aumento do teor de humidade do solo em todos os solos deve-se mais à elevada precipitação do que ao efeito e influência dos tipos de solo e dos tipos de alfaias de lavoura.

Tabela 6. Efeito do implemento de lavoura no teor de humidade do solo dias após a plantação

	Mean moisture content (%)							
Treatments &	Days after planting							
soil types	15	30	45	60	75	90	105	120
Clay soil								
A	38.74[a]	41.15[a]	43.03[ab]	44.69[a]	42.14[a]	37.35[a]	36.09[a]	34.53[ab]
E	38.79[a]	40.59[a]	43.56[a]	44.91[a]	41.51[a]	37.00[a]	36.18[a]	34.58[ab]
R	39.72[a]	41.13[a]	43.11[ab]	43.92[ab]	41.27[a]	37.53[a]	36.04[a]	34.89[a]
L	39.60[a]	40.69[a]	43.00[ab]	43.80[ab]	41.11[a]	36.67[ab]	34.90[b]	33.22[bc]
C	35.85[b]	38.51[a]	40.16[b]	41.53[b]	41.26[a]	35.60[b]	35.00[b]	33.07[c]
Silty clay soil								
A	36.33[ab]	38.75[a]	41.03[a]	43.36[a]	40.90[a]	36.20[a]	35.12[a]	33.91[a]
E	36.30[ab]	38.43[a]	40.75[a]	42.99[a]	40.36[ab]	36.26[a]	35.33[a]	33.46[a]
R	36.76[a]	38.76[a]	41.13[a]	43.38[a]	41.02[a]	36.26[a]	35.01[a]	33.84[a]
L	36.09[b]	38.07[a]	40.73[a]	42.65[ab]	40.13[ab]	35.14[a]	34.39[a]	32.96[a]
C	35.51[c]	37.09[b]	39.35[b]	41.61[b]	39.18[b]	36.17[a]	34.85[a]	33.41[a]
Clay loam soil								
A	36.31[bc]	39.19[a]	41.72[a]	41.77[a]	40.58[a]	38.49[a]	37.74[a]	36.63[b]
E	37.10[ab]	38.97[a]	41.07[ab]	41.25[a]	40.20[a]	38.61[a]	37.65[a]	36.63[b]
R	38.57[a]	39.38[a]	40.93[ab]	41.09[a]	40.34[a]	38.82[a]	38.37[a]	37.39[a]
L	36.52[bc]	38.40[ab]	41.02[ab]	41.34[a]	40.61[a]	38.44[a]	37.64[a]	36.66[b]
C	34.90[c]	37.43[b]	39.26[b]	39.43[b]	39.59[a]	38.24[a]	37.73[a]	35.98[c]

As médias dentro das colunas para os tratamentos nos mesmos tipos de solo seguidas pela mesma letra não são significativamente diferentes a P≤0,05.

4.2.4. Curva de retenção de água no solo (curva pF) e outras propriedades do solo

As amostras de solo foram analisadas para determinar a textura do solo, o carbono orgânico, a capacidade de campo, o ponto de murcha permanente e a propriedade caraterística de retenção de humidade. Utilizando um trado, as três amostras compostas de solo de superfície perturbadas foram recolhidas a três profundidades (0-10, 10-20 e 20-30 cm) e a textura do solo, o carbono orgânico, a CF e o PWP foram determinados em laboratório, utilizando métodos de ensaio laboratoriais normalizados. A curva caraterística de humidade do solo fornece um meio de obter a quantidade de água disponível em qualquer horizonte do solo, e é estimada como uma diferença entre a capacidade de campo (CF) e o ponto de murchamento permanente (PWP). Os teores de humidade das amostras de solo recolhidas de diferentes profundidades a diferentes sucções são apresentados na Tabela 7. As figuras 8, 9 e 10 mostram os teores percentuais de humidade das amostras de diferentes tipos de solos e equilibrados a diferentes sucções.

Os teores de água disponível (AWC) obtidos a partir de medições laboratoriais utilizando sucção por placa de pressão foram de 29,65% para amostras recolhidas a 20-30 cm de profundidade, 15,63% para amostras a 0-10 cm de profundidade em solo argiloso, 26,86% para amostras recolhidas a 20-30 cm de profundidade, 11,86% para amostras a 0-10 cm de profundidade em solo silto-argiloso e 23,75% para amostras a 20-30 cm de profundidade e 11,26% para amostras a 0-10 cm de profundidade em solo argiloso. Estes valores de disponibilidade de água indicam que a disponibilidade de água aumentou com o aumento da profundidade em 47,28%, 55,84% e 52,58% no solo argiloso, siltoso e franco-argiloso, respetivamente. Isto indica claramente que o armazenamento e a água disponível para as plantas dependem predominantemente das propriedades físicas inerentes ao solo.

Tabela 7. FC, PWP, AW, PSD e classes texturais, OC, e teor de OM dos solos experimentais.

Soil type	Depth (cm)	FC (%)	PWP (%)	AW (%)	% Particle Size Distribution			Texture class	%OC	%OM
					clay	silty	Sand			
Clay	0-10	39.50	23.87	15.63	42	34	24	Clay	1.41	2.43
	10-20	42.10	21.10	21.00						
	20-30	48.85	19.20	29.65						
Silty clay	0-10	34.00	22.14	11.86	43	42	15	Silty clay	1.64	2.83
	10-20	38.42	20.17	18.25						
	20-30	45.32	18.46	26.86						
Clay loam	0-10	31.06	19.80	11.26	40	35	25	Clay loam	1.73	2.98
	10-20	35.20	17.49	17.71						
	20-30	40.35	16.60	23.75						

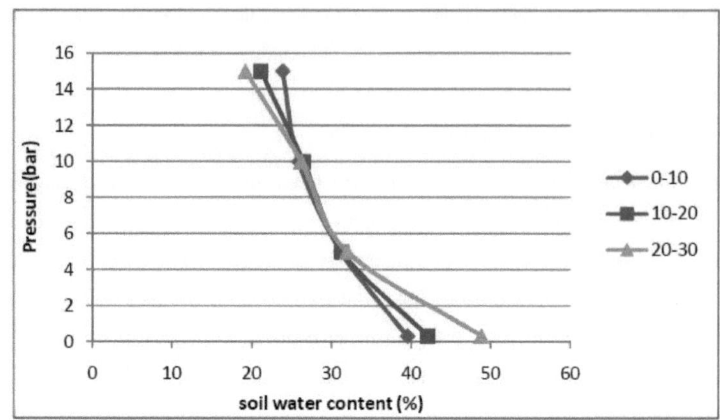

Figura 8. Curva caraterística da humidade do solo antes da lavoura para solo argiloso

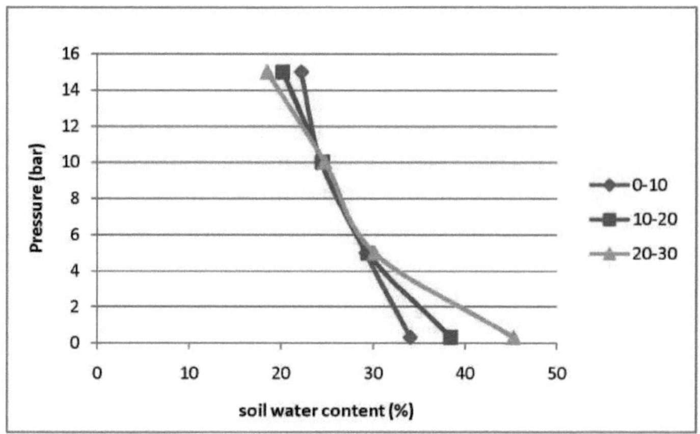

Figura 9. Curva caraterística da humidade do solo antes da lavoura para um solo siltoso e argiloso

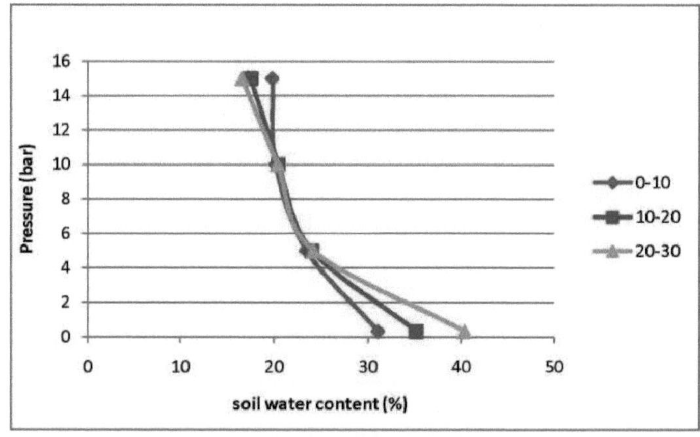

Figura 10. Curva caraterística da humidade do solo antes da lavoura para um solo franco-argiloso

4.2.5. Efeito da alfaia de lavoura na resistência à penetração do solo

O quadro 8 apresenta a resistência à penetração do solo dos três tipos de solos envolvidos no estudo antes da lavoura e depois da lavoura, utilizando diferentes tipos de alfaias de lavoura. A resistência à penetração do solo foi significativamente alta sob tratamento sem lavoura, e a maior resistência à penetração foi registada sob tratamento sem lavoura em solo argiloso (1.16 KN/cm^2) em profundidades entre 20 e 30 cm, onde a menor resistência à penetração foi notada (0.25 KN/cm^2) sob arado ARDU e maresha Ripper em solo argiloso na profundidade entre 0 - 10 cm.

A avaliação feita para avaliar o efeito combinado dos tipos de solo e do efeito das alfaias de lavoura na resistência à penetração, quantificada como índice con, indicou que a maior resistência à penetração foi sem lavoura ($1,14$ KN/cm^2) em solo siltoso e argiloso, enquanto a menor foi de $0,52$KN/cm^2 em solo argiloso sob tratamento com arado ARDU. Esta constatação coincide com a de Olaoye (2002), que refere que a maior resistência à penetração do solo ocorre no tratamento sem mobilização, em comparação com as alfaias de mobilização.

As resistências à penetração medidas em todas as parcelas sob diferentes tratamentos não manifestaram diferenças estatisticamente significativas, exceto que as diferenças nas resistências à penetração entre o tratado e o não tratado (sem lavoura) mostraram diferenças estatisticamente significativas nas profundidades entre 0 e 10 cm e 10 e 20 cm em todos os tipos de solo. Abaixo de 20 cm de profundidade, houve diferenças insignificantes entre todos os tratamentos. A ligeira variabilidade dos valores das medidas de resistência à penetração entre os tipos de solo e a profundidade só pode ser devida às propriedades inerentes aos solos. Tal como Osiunbitan et al. (2005) referiram, os valores das resistências à penetração aumentaram geralmente com o aumento da profundidade, tanto para 1st como para 2nd passagens, independentemente dos tratamentos aplicados. Houve uma ligeira diferença nas resistências à penetração dos solos sob todos os tratamentos até à profundidade de 0 - 20 cm exceto sem mobilização. Schwartz et al (2003) também indicaram que a ausência de lavoura aumentou a resistência à penetração do solo.

Para avaliar a persistência ou a durabilidade das alterações induzidas pela utilização de diferentes alfaias de lavoura, as resistências à penetração dos solos experimentais foram medidas durante todo o período de crescimento. O efeito da máquina de lavoura sobre a resistência à penetração do solo é, na maioria dos casos, imprevisível. Isso pode ser devido às propriedades inerentes do solo e à ineficiência dos implementos de preparo do solo para rasgar, quebrar e esmigalhar adequadamente os solos (Tabela 9).

Tabela 8. Efeito das alfaias de lavoura na resistência à penetração do solo

Tratamentos	Profundidade (cm)	Res. de penetração (KN/cm)^2					
		1st pass Solo argiloso	Argila siltosa	Barro argiloso	2nd pass Solo argiloso	Argila siltosa	Barro argiloso
C	0-10	0.63[a]	0.75[a]	1.12[a]	0.64[a]	0.78[a]	1.12[a]
A	0-10	0.27[b]	0.35[b]	0.62[b]	0.25[b]	0.30[b]	0.59[b]
E	0-10	0.28[b]	0.36[b]	0.63[b]	0.26[b]	0.31[b]	0.60[b]
R	0-10	0.27[b]	0.35[b]	0.63[b]	0.25[b]	0.30[b]	0.59[b]
L	0-10	0.29[b]	0.37[b]	0.64[b]	0.26[b]	0.32[b]	0.61[b]
C	10-20	0.96[a]	1.13[a]	1.13[a]	1.03[b]	1.14[a]	1.13[a]
A	10-20	0.58[b]	0.67[b]	0.95[b]	0.52[a]	0.64[b]	0.93[b]
E	10-20	0.58[b]	0.67[b]	0.96[b]	0.52[a]	0.66[b]	0.94[b]
R	10-20	0.57[b]	0.67[b]	0.95[b]	0.50[c]	0.64[b]	0.93[b]
L	10-20	0.59[b]	0.69[b]	0.97[b]	0.54[a]	0.67[b]	0.94[b]
C	20-30	0.98[a]	1.14[a]	1.16[a]	1.03[a]	1.14[a]	1.16[a]
A	20-30	0.97[a]	1.12[b]	1.15[a]	1.01[a]	1.06[a]	1.15[a]
E	20-30	0.97[a]	1.12[b]	1.15[a]	1.00[a]	1.12[a]	1.15[a]
R	20-30	0.97[a]	1.12[b]	1.16[a]	1.00[a]	1.09[a]	1.14[a]
L	20-30	0.97[a]	1.13[b]	1.16[a]	1.00[a]	1.13[a]	1.15[a]
Efeito principal (média)							
	C	0.89[a]	1.01[a]	1.13[a]	0.90[a]	1.02[a]	1.13[a]
	A	0.55[b]	0.71[b]	0.90[b]	0.59[b]	0.66[b]	0.89[b]
	E	0.60[b]	0.71[b]	0.92[b]	0.59[b]	0.69[b]	0.89[b]
	R	0.61[b]	0.69[b]	0.89[b]	0.58[b]	0.67[b]	0.88[b]
	L	0.63[b]	0.71[b]	0.91[b]	0.60[b]	0.70[b]	0.90[b]
Valores de P							
Implementos		0.0001	0.0001	0.0001	0.0001	0.0001	0.0001
Profundidade		0.0001	0.0001	0.0001	0.0001	0.0001	0.0001
Implementa *depth		0.0001	0.0001	0.0001	0.0001	0.0001	0.0001

As médias nas colunas dentro da mesma profundidade para os tratamentos seguidos pela mesma letra não são significativamente diferentes a P≤0,05.

Como pode ser visto na Tabela 9, as resistências à penetração do solo argiloso, depois de 15 a 60 dias, continuaram a aumentar, embora não fossem estatisticamente significativas em todos os tratamentos, incluindo nenhuma lavoura. Da mesma forma, Olaoye (2002) relatou maior resistência à penetração do solo no tratamento sem lavoura em comparação com o outro tratamento para Luvisol férrico na zona de floresta tropical de Akure na Nigéria. Após 60 dias de aplicação dos tratamentos, a resistência à penetração aumentou para além da condição inicial de não lavoura devido ao assentamento natural e à elevada precipitação. No prazo de um mês após a lavoura, independentemente do tipo de solo e das alfaias utilizadas, a resistência à penetração aumentou progressivamente, indicando a fraca durabilidade das propriedades físicas induzidas do solo utilizando as alfaias que estavam a ser investigadas. Parece que os chamados implementos de lavoura melhorados devem ser reavaliados em termos das propriedades físicas transitórias dos solos e da durabilidade dos mesmos; portanto, o redesenho do implemento é uma necessidade.

Tabela 9. Efeito das alfaias de lavoura na resistência à penetração do solo dias após a plantação

Mean penetration resistance (KN/cm^2)								
Treatments &soil types	Days after planting of data collecting							
	15	30	45	60	75	90	105	120
Clay soil								
A	0.73^b	0.84^a	0.97^a	1.02^a	1.09^b	1.14^c	1.15^d	1.17^c
E	0.74^b	0.84^a	0.97^a	1.03^a	1.13^{ab}	1.15^b	1.17^b	1.18^b
R	0.74^b	0.84^a	0.97^a	1.04^a	1.12^{ab}	1.14^c	1.16^{cd}	1.18^b
L	0.75^b	0.86^a	0.98^a	1.04^a	1.13^{ab}	1.15^b	1.17^{bc}	1.18^b
C	1.07^a	1.08^a	1.10^a	1.14^a	1.15^a	1.17^a	1.18^a	1.20^a
Silty clay soil								
A	0.73^b	0.92^a	1.01^a	1.12^d	1.14^{bc}	1.15^a	1.18^{cd}	1.20^c
E	0.75^b	0.92^a	1.00^a	1.14^b	1.15^b	1.17^a	1.19^{bc}	1.22^b
R	0.74^b	0.92^a	1.01^a	1.13^{bc}	1.15^c	1.15^a	1.17^d	1.20^c
L	0.76^b	0.93^a	1.02^a	1.14^b	1.15^b	1.19^a	1.19^b	1.22^b
C	1.13^a	1.13^a	1.14^a	1.15^a	1.16^a	1.20^a	1.21^a	1.23^a
Clay loam soil								
A	0.87^b	1.00^a	1.07^b	1.14^c	1.15^c	1.18^{bc}	1.24^{bc}	1.25^b
E	0.88^b	1.01^a	1.07^b	1.14^c	1.16^{bc}	1.18^{bc}	1.25^{ab}	1.26^a
R	0.87^b	1.00^a	1.07b	1.14^c	1.15^c	1.17^b	1.23^c	1.25^b
L	0.89^b	1.03^a	1.08^{ab}	1.16^b	1.17^{ab}	1.19^{ab}	1.25^{ab}	1.27^a
C	1.09^a	1.14^a	1.15^a	1.17^a	1.19^a	1.20^a	1.25^a	1.29^a

As médias dentro das colunas para os tratamentos nos mesmos tipos de solo seguidas pela mesma letra não são significativamente diferentes a $P\leq0,05$.

4.2.6.I. Antes da lavoura

A taxa de infiltração foi medida com o permeâmetro de Guelph instalado no campo experimental. A taxa de infiltração média e a taxa de infiltração acumulada dos três tipos de solo antes da lavoura foram apresentadas nas Figuras 11 e 12, respetivamente. As taxas de infiltração antes da lavoura foram de 150 mm/hora, 120 mm/hora e 19 mm/hora para solos argilosos, siltosos e argilosos, respetivamente, e a taxa de infiltração básica de 3 mm/hora, 5,5 mm/hora e 8,5 mm/hora foi obtida para solos argilosos, siltosos e argilosos, respetivamente.

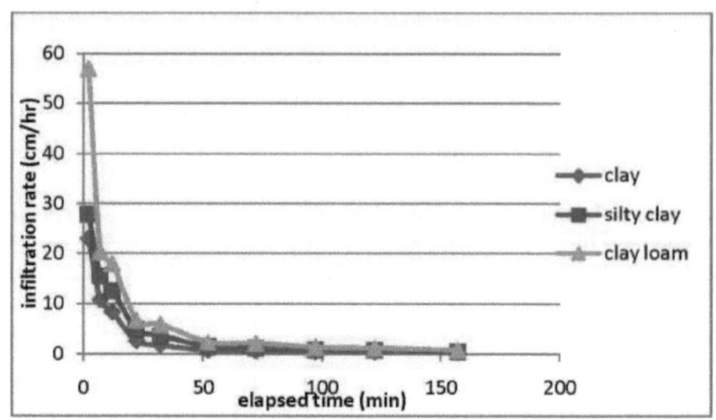

Figura 11. Taxa de infiltração dos solos do campo experimental antes da lavoura.

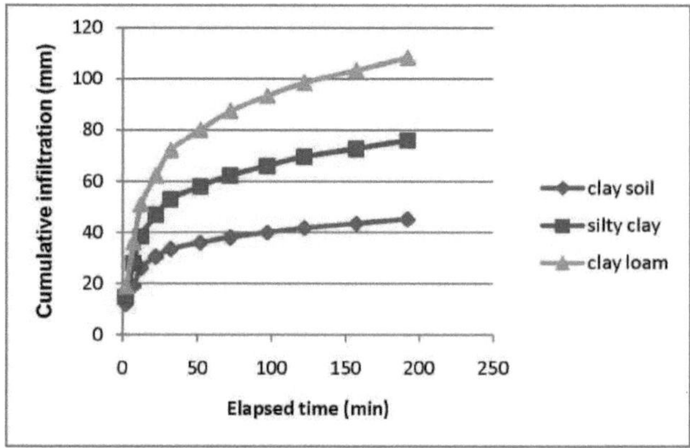

Figura 12. Taxa de infiltração acumulada dos solos antes da lavoura

4.2.6.2. Infiltração após a lavoura

Os resultados das medições de infiltração efectuadas antes e depois dos tratamentos de lavoura são apresentados no quadro 10. A taxa de infiltração foi significativamente aumentada em todos os tipos de solos e em todos os tratamentos (devido à lavoura afetada por diferentes alfaias de lavoura). Todas as alfaias de lavoura aumentaram significativamente a taxa de infiltração em todos os tipos de solos em comparação com a não lavoura. Mas não houve diferença significativa entre as alfaias de lavoura no que diz respeito à taxa de infiltração do solo. Parece que a taxa de infiltração depende principalmente dos tipos de solo e do número de passagens.

As taxas de infiltração mais elevadas registadas foram de 3,30 cm/h, 3,38 cm/h e 3,62 cm/h nos solos argilosos, silto-argilosos e argilo-arenosos, respetivamente, com a charrua de aiveca ARDU, enquanto as taxas de infiltração mais baixas registadas foram de 1,35 cm/h, 1,35 cm/h e 1,6 cm/h nos solos argilosos, silto-argilosos e argilo-arenosos, respetivamente, em condições de ausência de mobilização.

Tabela 10. Efeito das alfaias de lavoura na taxa de infiltração

Treatments	Average infiltration rate (cm/hr)					
	Clay soil		Silty clay		Clay loam	
	1st pass	2nd pass	1st pass	2nd pass	1st pass	2nd pass
C	1.35[a]	1.38[a]	1.35[a]	1.37[a]	1.60[a]	1.59[a]
A	2.13[b]	3.14[b]	2.23[b]	3.35[b]	2.97[b]	3.60[b]
E	2.03[b]	3.03[b]	2.23[b]	3.34[b]	2.90[b]	3.40[b]
R	2.18[b]	3.30[b]	2.24[b]	3.38[b]	2.98[b]	3.62[b]
L	1.86[b]	3.00[b]	1.97[b]	3.34[b]	2.91[b]	3.48[b]
LSD	0.38	0.38	0.43	0.05	0.08	0.03
CV	10.56	7.47	11.28	1.02	1.68	5.78
STD	0.04	0.04	0.05	0.00	0.00	0.03

As médias dentro das colunas para os tratamentos seguidos pela mesma letra não são significativamente diferentes a P≤0,05.

Como pode ser visto nas Figuras 13, 14 e 15, a taxa de infiltração após a segunda passagem e a colheita foi muito melhor do que sem lavoura e passagem única. Este aumento da taxa de infiltração pode ser devido à redução da densidade aparente e ao aumento da porosidade através do uso de diferentes implementos de lavoura. A taxa de infiltração foi maior após 2nd passagens em todos os tratamentos em solo argiloso. Da mesma forma, a taxa de infiltração foi alta após a colheita em todos os tratamentos em solos de argila siltosa e argila. Em todos os casos, a lavoura efectuada com diferentes alfaias melhorou a taxa de infiltração em comparação com a ausência de lavoura. As melhorias alcançadas na taxa de infiltração usando diferentes implementos de lavoura parecem ser duráveis e sustentadas por toda a estação de crescimento. O aumento da taxa de infiltração após a colheita pode ser devido às cavidades e túneis que podem ser deixados pelas raízes gigantes do milho em vez da influência dos implementos de lavoura, portanto, reexaminar as parcelas no futuro pode dar uma visão das realidades do aumento da infiltração após a colheita.

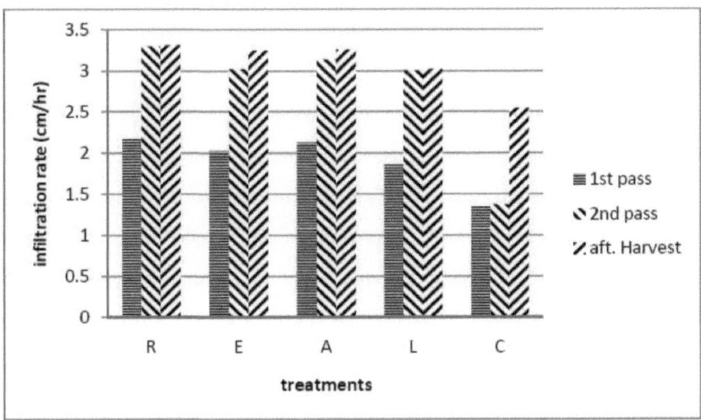

Figura 13. Taxa de infiltração do solo argiloso antes da lavoura, 1st pass.2nd pass e após a colheita

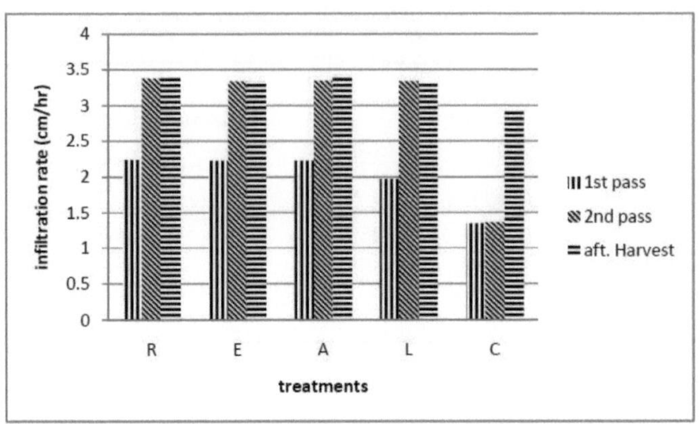

Figura 14. Taxa de infiltração do solo siltoso e argiloso antes da lavoura, 1st pass.2nd pass e após a colheita.

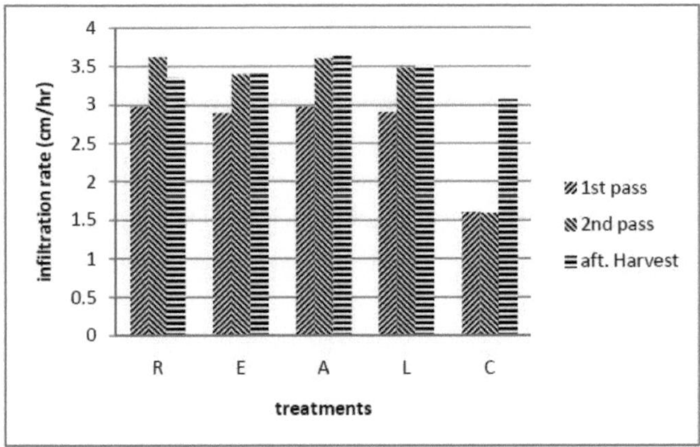

Figura 15. Taxa de infiltração do solo franco-argiloso antes da lavoura, 1st passagem, .2nd passagem e após a colheita.

4.2.7. Efeito da aplicação da lavoura na distribuição do tamanho dos agregados do solo

A tabela 11 apresenta os diâmetros médios dos agregados do solo obtidos em 1st e 2nd passagens das diferentes alfaias de lavoura através dos solos experimentais. Os diâmetros de massa médios dos agregados do solo produzidos pelo arado de aiveca ARDU foram significativamente maiores do que os agregados produzidos por outras alfaias de lavoura durante a passagem 1st . No entanto, o tamanho do agregado do solo produzido na 2nd passagem não foi significativamente diferente. Isto indica que, após uma passagem, o tamanho do agregado produzido por qualquer uma das alfaias utilizadas seria o mesmo e a variação no tamanho poderia ser devida às propriedades inerentes aos solos estudados.

Tabela 11. Efeito das alfaias de lavoura na distribuição da dimensão dos agregados do solo

Tratamentos	Diâmetro médio do torrão (mm)

	1st pass	2nd pass
A	1.21[a]	1.15[a]
E	1.19[ab]	1.14[a]
R	1.14[c]	1.12[a]
L	1.17[b]	1.13[a]
CV	1.42	1.16
DST	0.00	0.00
LSD	0.03	0.02

4.2.8. Profundidade da lavoura Vs. alfaias de lavoura

As medições feitas para avaliar os efeitos de diferentes implementos de lavoura na profundidade de lavoura estão resumidas na Tabela 12. Nesta mesma tabela, pode-se observar que o arado de aiveca ARDU teve uma profundidade de penetração significativamente maior do que o arado local. Embora existam diferenças na magnitude da penetração entre os arados ARDU, Erf e Ripper, as diferenças não são estatisticamente significativas. Por isso, as alegadas melhorias das três alfaias de lavoura, ARDU, Erf e Ripper, merecem ser reconsideradas em termos de profundidade de lavoura e de alteração das propriedades físicas dos solos que se acredita serem benéficas do ponto de vista da produção vegetal e da produtividade.

Quadro 12. Profundidade da lavoura

Tratamentos	Profundidade da lavoura (cm)
R	15.26[a]
E	13.26[b]
A	13.38[c]
L	12.42[d]
CV	0.19
LSD	0.05
DST	0.00

CAPÍTULO 5. RESUMO, CONCLUSÃO E RECOMENDAÇÃO

5.1. Resumo

Foi efectuado um estudo para avaliar o efeito das alfaias de lavoura nas propriedades físicas do solo e a durabilidade das alterações induzidas. Foram utilizados arado ARDU, arado AIRIC, maresha local e maresha Ripper para efetuar a operação de lavoura. Três tipos de solo (solo argiloso, solo argiloso siltoso e solo argiloso) foram envolvidos no estudo. Foram avaliadas as alterações da resistência à penetração, da densidade aparente seca, da porosidade total, do teor de humidade, da taxa de infiltração e da distribuição do tamanho dos agregados antes e depois de 1st e 2nd passagens das alfaias de lavoura e a durabilidade das alterações induzidas e da profundidade da lavoura.

As densidades aparentes secas foram significativamente afectadas pelo tipo de alfaias de lavoura utilizadas e foi registada uma densidade aparente significativamente elevada com o tratamento sem lavoura em todos os tipos de solo. O número de passagens também teve efeito sobre a densidade aparente seca dos solos. As alfaias de lavoura afectaram significativamente a porosidade total do solo em todos os tipos de solo em todas as passagens, exceto na passagem 2nd em solo argiloso a $p \leq 0$. A interação das alfaias de lavoura e dos tipos de solo na porosidade do solo em argila siltosa e argilosa após a passagem 1st e em argila e argila siltosa após a passagem 2nd foi notável. A manipulação dos solos com a maresha Ripper conduziu à maior porosidade em comparação com as outras alfaias utilizadas; mas o efeito principal das alfaias foi estatisticamente diferente nos três tipos de solo em todas as profundidades. O RIPPER maresha apresentou a maior porosidade (57,48%) no solo argiloso siltoso após a 2nd passagem, enquanto a menor porosidade (52,32%) foi observada no solo argiloso sem mobilização.

O efeito dos diferentes tipos de implementos de preparo do solo e o número de passadas no conteúdo de umidade do solo não foi estatisticamente significante em solos argilosos e franco-argilosos. Considerando o efeito combinado do tipo de solo, implementos e número de passagens, o maior teor de umidade de 36,82% foi observado sob Ripper maresha em solo argiloso siltoso, enquanto o valor mais baixo de 31,51% foi observado sob nenhuma lavoura em solo argiloso.

As medições feitas ao nível do teor de humidade do solo desde a data de plantação até à colheita indicaram que não houve diferenças significativas no teor de humidade aos 30th e 75th dias após a plantação em solo argiloso, 90th, 105th, e 120th dias após a plantação em solo siltoso argiloso e 75th, 90th, e 105th dias após a plantação em solo argiloso. Os maiores teores de humidade foram observados aos 60th dias após a plantação em todos os tipos de solo e em todos os tratamentos. Isto pode ser atribuído à elevada precipitação que ocorreu durante o mês de maio. Assim, o aumento do teor de humidade do solo em todos os solos deve-se mais à elevada precipitação do que ao efeito e à influência dos tipos de solo e dos tipos de alfaias de lavoura.

A resistência à penetração do solo foi significativamente alta sob nenhum tratamento de lavoura e a mais alta para o solo argiloso (1.16 KN/cm^2) enquanto a menor resistência à penetração observada foi (0.25 KN/cm^2) sob o arado ARDU e a maresha Ripper no solo argiloso. A avaliação do efeito combinado dos tipos de solo e das alfaias de lavoura sobre a resistência à penetração, quantificada como índice de cone, indicou que a maior resistência à penetração foi em nenhuma lavoura (1,14 KN/cm^2) em solo argiloso siltoso, enquanto a menor foi de $0,52KN/cm^2$ em solo argiloso sob tratamento com arado ARDU. A pequena variabilidade nos valores das resistências de penetração medidas nos tipos de solo e na profundidade só pode ser devida às propriedades inerentes dos solos. O efeito da aplicação da lavoura nas resistências à penetração do solo é, na maioria dos casos, imprevisível. Isto pode ser devido às propriedades inerentes dos solos e à ineficiência das alfaias de lavoura para rasgar, quebrar e esmigalhar adequadamente os solos. As resistências à penetração do solo argiloso, após 15 a 60 dias, continuaram a aumentar, embora não tenham sido estatisticamente significativas em todos os tratamentos, incluindo a ausência de mobilização do solo. Após 60 dias de aplicação dos tratamentos, a resistência à penetração aumentou para além do estado inicial sem mobilização. Dentro de um mês após a lavoura, independentemente do tipo de solo e dos implementos de lavoura utilizados, a resistência à penetração aumentou progressivamente, indicando a baixa durabilidade desta propriedade física induzida. Parece que os chamados implementos de lavoura melhorados devem ser reavaliados em termos de propriedades físicas transitórias, a durabilidade da mudança não depende do implemento, mas das condições após o mesmo e da propriedade do solo.

As taxas de infiltração antes da lavoura eram de 150 mm/h, 120 mm/h e 19 mm/h para solos argilosos, argilosos siltosos e argilosos, respetivamente, e a taxa de infiltração básica de 3 mm/h, 5,5 mm/h e 8,5 mm/h foi obtida para solos argilosos, argilosos siltosos e argilosos, respetivamente. A taxa de infiltração foi significativamente aumentada em todos os tipos de solos e em todos os tratamentos (devido à lavoura efectuada com diferentes alfaias de lavoura). Todas as alfaias de lavoura aumentaram significativamente a taxa de infiltração em todos os tipos de solos quando comparadas com a não lavoura.

Os diâmetros médios de massa dos agregados do solo produzidos pelo arado de aiveca ARDU foram significativamente maiores do que os agregados produzidos por outras alfaias de lavoura durante a 1st passagem. No entanto, o tamanho do agregado do solo produzido na 2nd passagem não foi significativamente diferente. Isto indica que, após uma passagem, o tamanho do agregado produzido por qualquer uma das alfaias utilizadas seria o mesmo e a variação no tamanho poderia ser devida às propriedades inerentes aos solos estudados.

O arado de aiveca ARDU teve uma profundidade de penetração significativamente maior do que o arado local. Embora existam diferenças na magnitude da penetração entre os arados ARDU, Erf e Ripper, as diferenças não são estatisticamente significativas. Por isso, as alegadas melhorias das três alfaias de lavoura, ARDU, Erf e Ripper, merecem ser reconsideradas em termos de profundidade de lavoura e de alteração das propriedades físicas dos solos que se acredita serem benéficas do ponto de vista da produção vegetal e da produtividade.

5.2. Conclusão

Com base na análise dos dados recolhidos, registados, organizados e analisados, podem ser tiradas as seguintes conclusões

I. Todas as alfaias de lavoura utilizadas em todos os tipos de solo reduziram a densidade aparente do solo após a 1st e a 2nd passagens. No entanto, não houve diferença estatisticamente significativa (P > 0,05) entre os tratamentos, exceto sem mobilização nos três tipos de solo. Assim, pode-se concluir que os implementos de lavoura tiveram o mesmo efeito na densidade aparente em todos os tipos de solo e que os implementos de lavoura não afetaram a densidade aparente do solo abaixo da profundidade de lavoura.

II. A alfaias de mobilização e os tipos de solo, bem como as suas interações, influenciaram significativamente a resistência à penetração do solo em todos os tipos de solo estudados. Em geral, a resistência à penetração do solo diminuiu com as práticas de lavoura. A resistência à penetração dos solos aumentou com o passar do tempo após a plantação, o que indica que a mudança induzida foi um fenómeno de curta duração em todos os solos;

III.Todas as alfaias de lavoura melhoraram as taxas de infiltração e a porosidade total em todos os tipos de solo em comparação com a ausência de lavoura. O efeito das diferentes alfaias de lavoura sobre a infiltração num determinado solo foi estatisticamente significativo em comparação com a ausência de lavoura. A taxa de infiltração foi maior na segunda passagem do que na primeira. Assim, pode-se concluir que a magnitude e a extensão da infiltração aumentaram com o aumento do número de passagens para todos os solos sob todos os implementos.

5.3. Recomendação

I. As alterações da resistência à penetração, da densidade aparente seca, da porosidade total, do teor de humidade, da taxa de infiltração e da distribuição do tamanho dos agregados antes e depois de 1st e 2nd passagens das alfaias de lavoura e a durabilidade das alterações induzidas e da profundidade de lavoura foram parâmetros avaliados apenas em três tipos de solo (argila, argila siltosa e argila franca) e foi difícil comparar as alfaias apenas por estudo. Por isso, recomenda-se que estas alfaias de lavoura sejam reavaliadas tanto em laboratórios como em campos em termos das propriedades físicas desejadas noutros tipos de solo e noutras condições climáticas para o crescimento normal das culturas;

II. O efeito de diferentes tipos de implementos de lavoura nas propriedades físicas do solo em três tipos diferentes de solos foi investigado apenas durante uma estação de crescimento devido a limitações de tempo. Por conseguinte, é necessário um estudo mais aprofundado para obter dados durante as estações seca e húmida, a fim de avaliar a magnitude, a extensão e a durabilidade das propriedades físicas induzidas. A forte precipitação na área de estudo pode ser uma das causas dos resultados imprevisíveis obtidos em alguns casos; por exemplo, os teores de humidade;

III.Não foi possível comparar os implementos de lavoura em termos das propriedades físicas alteradas e da durabilidade depois disso, uma vez que não houve uma diferença clara e persistente significativa entre as propriedades físicas induzidas do solo pelos implementos, antes as variações nas propriedades físicas dos solos estudados parecem ser devidas às propriedades inerentes dos solos. Por conseguinte, foi necessário efetuar outro estudo em termos de produção e de outros parâmetros, como a força de tração, a área coberta por hora, o peso da alfaia, os custos da alfaia, bem como o conforto das mesmas.

REFERÊNCIAS

Adam, K.M., e D.C. Erbach. 1992. Efeito da ferramenta de lavoura secundária na agregação do solo. Trans . ASAE 35(6):1771-1776.

Allmaras R.R., R.W. Rickman, L.G. Ekin e B.A. Kimball, 1977. Influências do cinzelamento nas propriedades hidráulicas do solo. Soil Sci. Soc. Am. J. 41:796-803.

Angers, D. A. e G. R. Mehuys, 1993. Estabilidade dos agregados à água. In: carter Ed. Soil sampling and methods of analysis. Lewis Puplishers, Boca Raton, FL.

Arshad, M.A., Lowery, B., Grossman, B., (1996): Testes físicos para monitorizar a qualidade do solo. In: J.W. Doran e A.J. Jones (eds.) Methods for assessing soil quality, Soil Sci. Soc. Am. Spec. Publ. 49:123-142, SSSA, Madison, WI, EUA.

Ashraful, M.D., R.I. Sacker, A. Murshed. 2001. Efeitos da força do solo no crescimento da raiz da cultura do arroz para diferentes métodos de lavoura em terra seca. Agricultural mechanization in Asia, Africa and latin America (AMA) 32: 23-26.

Arsyid, M.A, Camacho, F.T. e Guo, P. (2009). Noções básicas sobre o milho: Corn Crop Management, Disponível online: http://www.dekalb-asia.com/pdf/CB2_CornCropManagement.pdf

Badali'kova' B, Kn[v] a'kal Z (1997) A influência da gestão nas propriedades físicas do solo. In: Proc.: Agrochemical and ecological aspects of soil tillage. Tom 1A/97, Pulawy, Polónia, pp 55-58

Beven, K. e P. Germann, 1981. Fluxo de água nos macroporos do solo 2. Um modelo de fluxo combinado. J.soil Sci. 32:15-29.

Bhattacharyya R, Prakash V, Kundu S & Gupta H S (2006). Effect of tillage and crop rotations on pore size distribution and soil hydraulic conductivity in sandy clay loam soil of the Indian Himalayas. *Soil and Tillage Research* 86(2): 129-14

Bradford, J.M., 1986. Penetrabilidade. Métodos de análise do solo. Agronomia, vol.9, pp.463-478.

Brady, N.C. e Weil, R.R. (1999). The Nature and Properties of Soils, (12th edn.), Prentice Hall, Inc, New Jersey.

Braunack, M. V., 1995. Efeitos do tamanho dos agregados e do teor de água do solo na emergência da soja e do milho. Soil Tillage Res.33:149-161.

Braunack, M. V. e A. R. Dexter, 1989. Agregação do solo na cama de sementes: uma revisão 1. Propriedades dos agregados e camas de agregados. Soil and tillage res. 14:259-279.

Braunack, M. V. e J.E. McPhee, 1991. O efeito do ião de água inicial do solo e do implemento de lavoura na formação da cama de sementes. Soil Tillage Res.20:5-17.

Chang, C. e C.W. Lindwall. 1990. Comparação do Efeito da Lavoura de Longo Prazo e da Rotação de Culturas nas Propriedades Físicas de um Solo. *Canadian Agriculture Engineering,* 32, 53-55.

Chen, Ying. 1992. Regime térmico do solo resultante de sistemas de lavoura reduzida. Tese de doutorado. Universidade McGill, Montreal.

Christensen B.T., 1996. Carbono em complexos organo-minerais primários e secundários. *Em* Structure and Organic Matter Storage in Agricultural Soils. Eds. M R Carter e B A Stewart. pp 97-165.CRC Press, Inc, Boca Raton, FL.

Christopher T., 2011. Produção e consumo de cereais no mundo e na Malásia. Recuperado em março de 2011,

CSA (Autoridade Central de Estatística), 2013/14. Autoridade Central de Estatística da República Federal Democrática da Etiópia. Inquérito por amostragem à agricultura 2003/2004 (1996 E.C). Vol. V. Relatório sobre o gado e as caraterísticas do gado. Boletim estatístico 302. pp. 1-30.

Dam R F, Mehdi B B, Burgess M S E, Madramootoo C A, Mehuys G R & Callum I R (2005). Densidade aparente do solo e rendimento das culturas em onze anos consecutivos de milho com diferentes práticas de lavoura e resíduos num solo franco-arenoso no Canadá central. *Soil and Tillage Research* 84: 41-53

Dan, H. O. L., 1963. O efeito da operação de lavoura na densidade aparente e outras propriedades físicas do solo. Tese de doutoramento não publicada. Tese não publicada. Biblioteca, Iowa State University Ames, Iowa.

Dexter, A.R., 1988. Avanços na caraterização da estrutura do solo. Soil tillage Res.11:199- 238.

Douglas, E. e E. McKyes. 1983. Práticas de lavoura relacionadas com a limitação dos factores de crescimento das plantas e o rendimento das culturas. *Canadian Agricultural Engineering,* 25: 1.

EARO, 2000. Estratégia de Investigação sobre Implantação Agrícola, Energia e Mecanização das Explorações Agrícolas. Addis Abeba, Etiópia.

Ellert, B.H., Janzen, H.H., 1999. Influência a curto prazo da lavoura nos fluxos de CO2 de um solo semiárido nas pradarias canadianas. Soil Tillage Res. 50, 21-32.

FAO. Engenharia agrícola em desenvolvimento: lavoura para produção de culturas em áreas de baixa pluviosidade. Organização das Nações Unidas para a Alimentação e a Agricultura, Roma, Itália; 1990.1].

FRANZLUEBBERS, A. J. 2002. Infiltração de água e estrutura do solo relacionadas com a matéria orgânica e a sua estratificação em profundidade. Solo. Till. Res., 2, p. 197-205.

FUENTES, J. P., M. FLURRY E D. F. BEZDICEK 2004. Propriedades hidráulicas em um solo franco-siltoso sob pradaria natural, plantio convencional e plantio direto. Soil. Sci. Soc. Am. J. 68: 1679-1688.

Gill, W.R. e McCreery, W.F., 1960. Relação entre o tamanho do corte e a eficiência da ferramenta de lavoura. Agric. Eng. 41:372-374(381).

Hadas, A., D. Wolf, e J. Meirson, 1978. Relações entre implementos de lavoura e estrutura do solo e seu efeito sobre os povoamentos de culturas. Soil. Sci. Soc. Am. J. 42:632-637.

Haile A. e Tolemariam T., 2008. Os valores alimentares de árvores indeginosas polivalentes para ovinos na Etiópia: o caso de vernonia amygdalina, Buddleja polystachya e Maesa lanceolata. Livestock Res. Rural Development. Volume 20, Artigo no. 45.

Hailu Hundie, 2006. Efeito de diferentes implementos de lavoura na conservação da água em condições de sequeiro em Awash Melkassa. Não publicado (tese de mestrado), Universidade de Haramaya.

Hamza M.A. e Anderson W.K. 2005. Compactação do solo em sistemas de cultivo: A review of the nature, causes, and possible solutions. Soil Tillage Res., 82(2): 12-145.

Heard, J. R., E.J Kladivko e J.V. Mannering, 1988. Macroporosidade do solo, condutividade hidráulica e permeabilidade ao ar de solos argilosos siltosos sob cultivo de conservação a longo prazo em Indiana. Soil and Tillage Res.,11:1-18.

Hillel, D., 1980. Fundamentals of soil physics. Academic Press. Nova Iorque.

Ishaq, M., Ibrahim, M. e R. Lal, 2002. Compaction and Crop Yield (Compactação e rendimento das culturas). Encyclopedia of Soil Science. Instituto de Investigação Agrícola Ayub. Paquistão. P: 1-7.

Kanwar R S (1989). Efeito do sistema de lavoura na variabilidade das tensões de água no solo e no conteúdo de água. Trans. ASAE 32(2): 605 610

Kay, B.D. e VandenBygaart, A.J. (2002). Lavoura de conservação e estratificação em profundidade da porosidade e da matéria orgânica do solo, Soil & Tillage Research, 66 (2): 107-118.

Khan, A.R. 1996. Influence of Tillage on Soil Aeration (Influência da Lavoura na Aeração do Solo). J. Agron. Crop Sci. 1996, 177, 253259.

Khurshid, K., M. Iqbal, M.S. Arif, e A. Nawaz, 2006. Efeito da lavoura e da cobertura vegetal nas propriedades físicas do solo e no crescimento do milho. Int. J. Agri. Biol.,5: 593-596.

Klute A (1982). Efeitos da lavoura nas propriedades hidráulicas do solo: uma revisão. In: Unger, P.W., Van Doren, Jr., D.M. (Eds.), Predicting Tillage Effects on Soil Physical Properties and Processes, ASA Spec. Publ. No. 44. ASA, Madison, WI, pp. 29-44

Lal, R., Kimble, J., Follett, R.F., Cole, C.V., 1998. The Potential of U.S. Cropland to Sequester Carbon and Mitigate the Greenhouse Effect. Sleeping Bear Press, Ann, MI, p. 128.

Lindwall, C.W., 1984. *Minimizando as Operações de Lavoura. Soil Conservation - Providing for the Future.* Federação Cristã de Agricultores. Lethbridge.

Lopez, M. V, J.L. Arrue e V. Sanchez Giron, 1996. Uma comparação entre as mudanças sazonais no armazenamento de água no solo e na resistência à penetração sob o sistema de lavoura convencional e de conservação em um Ragon. Res. Solo e Lavoura 37: 251-271

Lyles, L, e N. P. Woodruff, 1962. How moisture and tillage affect cloddiness for wind erosion control. Agri. Eng. 42:150-153.

Mahboubi, A.A., Lal R. Fausey N.R., 1993.Twenty-eight years of tillage effects on two soils in Ohio. *Soil Sci. Soc. Am. J.* 57:506-512.

Marshall, T.J., J.W. Holmes, C.W. Rose. 1979. *Soil Physics* (2 edition.). *Cambridge University Press.* Nova Iorque.

McKyes, E., 1985. Corte e lavoura do solo. Developments in Agricultural Engineering. Elsevier Science Publisher, Amesterdão

Meek B D, Rechel E A, Cater L M, DeTar W R & Urie A L (1992). Taxa de infiltração de um solo franco-arenoso: efeitos do tráfego, da lavoura e das raízes das plantas. *Soil Science Society of America Journal* 56: 908-913

Mielke, L.N., J.W.Doran, e K.A. Richards, 1986. Ambiente físico próximo à superfície de solos arados e de plantio direto. Soil tillage Res. 7:355-365.

Moreno F., Pelegrin F, Fernandez J. MurilloJ.M, 1997. Propriedades físicas do solo, depleção de água e desenvolvimento de culturas sob lavoura tradicional e de conservação no sul de Espanha. *Soil Till Res.* 41: 25-42.

Moreno F., Murillo J.M., Pelegrin F., Fernandez J.E. 2001. Lavoura de conservação e tradicional em anos com precipitações inferiores e superiores à média (sudoeste de Espanha). In: Conservation Agriculture, a Worldwide Challenge (Garcia-Torres L., Benites J., Martinez-Vilela A., ed.) ECAF, FAO, Córdoba, Espanha, pp. 591-595.

Mutsa C., 1995. O efeito da geometria dos dentes nas propriedades físicas do solo. Não publicado (tese de mestrado), Universidade McGill, Montreal.

Mweso, E. (2003). Avaliação da importância da disponibilidade de água no solo (como uma qualidade da terra) em culturas de sequeiro selecionadas na área de Serowe, Botswana. Disponível online: http://www.itc.nl/library/Papers_2003/msc/nrm/mweso.pdf

Ojeniyi, S.O. e A.R. Dexter, 1979. Factores do solo que afectam a macroestrutura produzida pela lavoura. Trans. da ASAE 22(2):339-343.

Olaoye, J.O. (2002). Influência da lavoura na cobertura de resíduos de culturas, propriedades do solo e componentes de rendimento do feijão-frade em ectones de savana derivados da Nigéria, Soil & Tillage Research, 64 (3-4):179-187.

Olatunji OM (2007). Modelação do efeito do peso, do calado e da velocidade na profundidade de corte da charrua de discos durante a lavoura. Dissertação de Mestrado. Tese, Departamento de Engenharia Agrícola e Ambiental, Universidade Estatal de Ciência e Tecnologia de Rivers, Port Harcourt, Nigéria, p.102.

Osunbitan, J. A., D. J.Oyedele e K. O.Adekalu, 2005. Efeitos da lavoura na densidade aparente, condutividade hidráulica e resistência de um solo franco-arenoso no sudoeste da Nigéria. *Soil & Tillage Research,* 82: 57-64.

Page, A. L., R. H. Miller e D. R. Kuny. 1982. Methods of Soil Analysis. Parte 2. 2nd edn., *American Soc. Agron., Inc., Soil Sci. Soc. American Inc., Madison,* Wisconsin, *EUA.* Madison, Wisconsin, EUA. Pp. 403-430.

Paustian K, Collins H P e Paul E A 1 997 Management controls on soil carbon. *Em* Soil Organic Matter in Temperate Agroecosystems. Eds. E A Paul, K Paustian, E T Elliott e C V Cole. Pp 15-49. CRC Press, Boca Raton, FL.

Payen, J. 1979. Uma análise estatística multivariada das propriedades físicas do solo e do crescimento do milho. Msc. Tese, Universidade McGill, Montreal.

Pelegrin, F. M.,F.Moreno,J.Martin-Aranda e M.camps, 1990. A influência dos métodos de lavoura no balanço físico e hídrico do solo para uma produção vegetal típica no sudoeste de Espanha. Soil and Tillage res.16:345-358.

Rawls,W.J., D.L. Brakensiek, e B. Soni, 1983. Efeitos da gestão agrícola nos processos hídricos do solo. Parte 1: parâmetros de retenção de água no solo e infiltração de ampt verde. Trans. ASAE 26:1747-1752.

Reicosky, D.C., Kemper, W.D., Langdale, G.W., Douglas Jr., C.L., Rasmussen, P.E., 1995. Alterações da matéria orgânica do solo resultantes da lavoura e da produção de biomassa. J. SoilWater Conserv. 50 (3), 253-261.

S.H.M. Aikins e J.J. Afuakwa 2012. Efeito de quatro práticas de lavoura diferentes nas propriedades físicas do solo sob feijão-caupi. Agric. Biol. J. N. Am., 2012, 3(1): 17-24

Salokhe, V.M. e B.K. Pathak, 1993. Effect of aspect ratio on soil failure pattern generated by vertical flat tines at low strain rates in dry sand. J. Agric. Eng.Res.53:176-180.

Sasal M.C., Andriulo A.E., Taboada M.A.2006. Caraterísticas de porosidade do solo e movimento da água sob *Advances in Geoecology,*zero tillage em solos siltosos nos Pampas argentinos. *Soil and Tillage Research 87:* 9-18.

Schaffer, R.L. e C.E. Johnson, 1982. Changing soil condition- the soil dynamics of tillage. In predicting tillage effects on soil physical properties and processes. Público especial da ASA. No.44, Madison, WI.

Schwartz R C, Evett SR & Unger P W (2003). Propriedades hidráulicas do solo de terras de cultivo comparadas com pastagens restabelecidas e nativas. *Geoderma* **116**(1-2): 47-60

Smith, M.J. (1988). Soil Mechanics, (4th edn.), Longman Scientific & Technical, Essex.

Six J, Elliott E T, Paustian K e Doran J W, 1998. Agregação e acumulação de matéria orgânica do solo em solos de pastagens cultivadas e nativas. Soil Sci. Soc. Am. J. 62, 13671377.

Stenberg M., Aronsson H., Linden B., Rydberg T. e Gustafson A. 1997. Lixiviação de nitrogénio em diferentes sistemas de lavoura. Proc. 14th ISTRO Conference, 27 de julho, 1 de agosto, Puoawy, Polónia, Bibliotheca Fragmenta Agronomica 2B/97, pp. 605-608.

Stevens W.B., J. D. Jabro, R. G. Evans, e W. M. Iversen. 2009. Efeitos da lavoura nas propriedades físicas de dois solos das grandes planícies do norte. Sociedade Americana de Engenheiros Agrícolas e Biológicos ISSN 0883-8542. 25(3): 377-382.

Strudley M.W., Green T.R. e Ascough J.C. 2008. Efeitos da lavoura nas propriedades hidráulicas do solo no espaço e no tempo. Soil Tillage Res., 99: 4-48.

Unger, P.W. 1984. Sistemas de lavoura para a conservação do solo e da água. *FAO Soils Bulletin 54*. FAO, Roma.

Weston, D. 1994. Qualidade da água: O componente da lavoura. Investigação sobre a mobilização do solo.

Yassen, H. A, H. M. Hassan e I. A. Hammadi. 1992. Efeitos da profundidade de lavra utilizando diferentes tipos de arado em algumas propriedades físicas do solo. *AMA,* 23(4), 21- 24.

Yohannes Kebede, 2007. Efeito das práticas de lavoura no desempenho da soja irrigada por gotejamento. Tese de mestrado não publicada, Universidade de Haramaya.

APÊNDICE

Apêndice figura 1. Recolha de amostras de solo com um amostrador de núcleo

Apêndice Figura 2. Medição da resistência do solo à penetração com o penetrómetro de cone

Apêndice figura 3. **Medição da taxa de infiltração do solo com o infiltrómetro de Guelph**

Printed by Books on Demand GmbH, Norderstedt / Germany